现代食品安全分析与检测技术

李庆云 ◎ 著

电子科技大学出版社
University of Electronic Science and Technology of China Press

·成都·

图书在版编目（CIP）数据

现代食品安全分析与检测技术/李庆云著. —成都：电子科技大学出版社，2023.12
ISBN 978-7-5770-0792-2

Ⅰ.①现… Ⅱ.①李… Ⅲ.①食品分析②食品检验 Ⅳ.①TS207.3

中国国家版本馆 CIP 数据核字（2023）第 248599 号

内容简介

随着科学技术的发展和生活质量的提高，消费者对食品安全和检测的重视程度日益提高，关于食品安全和检测的新要求、新方法不断产生。根据目前检测领域的发展情况，本书阐述了食品前沿检测技术和检测方法，包括食品样品的采集与处理、食品质量的感官检验、物理检验、一般成分检验、有毒有害物质的检验等。本书论述严谨，条理清晰，内容丰富新颖，可供食品类相关专业的师生以及从事相关研究的工作人员参考阅读。

现代食品安全分析与检测技术
XIANDAI SHIPIN ANQUAN FENXI YU JIANCE JISHU
李庆云　著

策划编辑	刘　愚　杜　倩
责任编辑	刘　愚　李　倩
责任校对	彭　敏
责任印制	梁　硕

出版发行	电子科技大学出版社
	成都市一环路东一段 159 号电子信息产业大厦九楼　邮编　610051
主　页	www.uestcp.com.cn
服务电话	028-83203399
邮购电话	028-83201495
印　刷	北京亚吉飞数码科技有限公司
成品尺寸	170 mm×240 mm
印　张	16
字　数	253 千字
版　次	2025 年 3 月第 1 版
印　次	2025 年 3 月第 1 次印刷
书　号	ISBN 978-7-5770-0792-2
定　价	92.00 元

版权所有，侵权必究

前言 PREFACE

食品安全是新时代国家战略"健康中国"的重要组成部分。为进一步确保食品安全,我国陆续出台或更新了一系列食品安全质量标准,对食品中的有害物质提出了更严格的限值要求,食品分析与检测方法是食品安全质量标准的重要组成部分。随着分析检测技术的快速发展,部分技术已陆续应用于食品安全领域。本书针对愈加严格的食品安全要求,结合各项新颖的检测技术,汇集各类现代食品安全分析与检测技术,为食品安全检测行业从业者提供最新的实用技术参考。

本书主要内容为绪论、食品分析的质量控制、食品样品的采集与处理、食品理化指标的测定、食品营养素的测定、食品添加剂的测定、食品毒害物质的测定、食品农药残留检测和食品兽药残留检测共九章,涵盖了从采样、运输、制备、前处理、仪器分析及质量控制等全要素食品检测要点。

本书可供高职院校、第三方食品检验检测机构、食品工业企业附属食品检测中心等主体的食品安全检测行业从业者阅读使用。

本书由淄博职业学院李庆云独立完成。

在本书的写作过程中,笔者得到了诸多专家学者的帮助,在此表示衷心的感谢!

由于笔者水平有限,书中不足之处在所难免,希望各位读者批评指正!

笔 者

2023 年 11 月

目录 contents

第一章 绪论	1
第一节 食品安全的重要意义	1
第二节 食品分析检测技术的发展	2
第二章 食品分析的质量控制	7
第一节 食品分析全过程质量控制	7
第二节 资质认定与实验室认可	14
第三章 食品样品的采集与处理	16
第一节 食品样品的采集、运输和保存及制备	16
第二节 食品样品的预处理	20
第四章 食品理化指标的测定	27
第一节 干燥失重的测定	27
第二节 灼烧残渣的测定	29
第三节 水分的测定	32
第四节 灰分的测定	42
第五节 相对密度的测定	52
第五章 食品营养素的测定	58
第一节 蛋白质的测定	58
第二节 脂肪的测定	69
第三节 维生素 A、维生素 D、维生素 E 的测定	72
第四节 矿物元素的测定	80

第六章　食品添加剂的测定 …… 122
第一节　概述 …… 122
第二节　甜味剂的测定 …… 123
第三节　防腐剂的测定 …… 132
第四节　抗氧化剂的测定 …… 137
第五节　漂白剂的测定 …… 141
第六节　有机酸的测定 …… 144

第七章　食品毒害物质的测定 …… 149
第一节　重金属 …… 149
第二节　生物毒素 …… 199

第八章　食品农药残留检测 …… 214
第一节　概述 …… 214
第二节　有机磷农药的测定 …… 215
第三节　拟除虫菊酯类农药的测定 …… 223

第九章　食品兽药残留检测 …… 228
第一节　概述 …… 228
第二节　硝基呋喃类兽药的测定 …… 228
第三节　四环素类兽药的测定 …… 238

参考文献 …… 246

第一章 绪 论

第一节 食品安全的重要意义

食品安全的概念可以从三个层面进行理解：第一，确保总量安全，一个国家要确保食品的总量能满足国民的基本需求；第二，确保质量安全，食品既要满足人们基本的营养健康要求，也要满足各项相关食品规范和标准要求；第三，确保发展的可持续性，获取食物不能只考虑当下，要着眼长远，做到食物获取、环境保护和资源利用的动态平衡。

食品安全涉及国民经济增长和社会民生，具有重要意义：首先，食品安全是健康中国的基本保障，让我国人民吃得放心、喝得放心，奶粉、蔬菜、主食、零食、饮料等均会涉及，一旦食品安全得不到保障，儿童及成人均可能受到健康威胁；其次，食品安全关系产业发展和社会稳定，食品安全出现问题，不仅会给企业自身的经营生产带来质量风险和口碑风险，也会对同类产业造成劣币驱逐良币的不良现象。食品安全问题涉及基本民生，处理不好可能会构成社会运营秩序、国家公共安全的潜在困扰和风险；最后，食品安全涉及对外贸易的综合实力，当前食品的国际贸易非常频繁，食品安全问题也会越来越复杂，影响也会越来越深远，各国对食品安全的控制不断更新和加强，如日本2006年5月29日正式实施的《食品中残留农业化学品肯定列表制度》（以下简称"肯定列表制度"）将监控的农产品种类增加到135种，允许在农产品中检测出来的农药种类进一步减少，允许检出的只有229种，农产品中农药的残留限值标准也进一步增加，达到2.8万个。

第二节 食品分析检测技术的发展

近年来,科学技术迅速发展,各种检测标准和检测方法不断更新,相应的分析仪器灵敏度越来越高,使用也越来越方便。本节主要介绍无机污染物和有机污染物的检测技术。

一、无机污染物检测技术

(一)原子吸收光谱法

原子吸收光谱法在食品重金属检测中应用广泛,主要有火焰原子吸收光谱法和石墨炉原子吸收光谱法。其中石墨炉原子吸收光谱的检出限更低,更适用于食品中痕量重金属的检测。原子吸收光谱法分析原理是在各元素的灯辐射下,基态原子获取能量跃迁至高能态。高能态是一种不稳定的状态,会回到更加稳定的基态,同时发射特征谱线。特征谱线的强度与原子浓度呈正比,通过测定系列浓度标液的特征谱线得到校准曲线,进而测定待测试样特征谱线的强度,代入校准曲线得到试样的浓度。

(二)原子荧光光谱法

原子荧光光谱法目前主要在我国使用,主要用于检测食品中汞、砷两种有害物质,也可以检测硒、锑、铋元素。汞元素具有易挥发的特点,使用原子荧光光谱法测量时要高度注意汞元素的污染。原子荧光光谱法分析原理是将砷、硒、锑、铋还原成氢化物,但汞不用还原。这些氢化物和汞在石英炉中原子化,形成基态原子,在各元素灯的辐射下,基态原子获取能量跃迁至高能态。高能态是一种不稳定的状态,会回到更加稳定的基态,同时发射特征荧光。特征荧光的强度与原子浓度呈正比,通过测定系列浓度标液的特征荧光得到校准曲线,进而测定待测试样特征荧光的强度,代入校准曲线得到试样的浓度。

(三)电感耦合等离子体原子发射光谱法

电感耦合等离子体原子发射光谱法可以同时检测多个食品中重金属的含量,检测效率显著提高,同时灵敏度也很高,一般用于检测痕量元素。其分析原理是试样中金属原子进入等离子体,在等离子体作用下,这些金属原子发射特征谱线,每个金属原子发射特征谱线的波长不同,可用来定性判断金属种类,且特征谱线的强度与原子浓度呈正比,通过测定系列浓度标液的特征谱线得到校准曲线,进而测定待测试样特征谱线的强度,代入校准曲线得到试样的浓度。

(四)电感耦合等离子体质谱法

电感耦合等离子体质谱法与电感耦合等离子体原子发射光谱法的主要差异在于检测器,一个是质谱仪,一个是光谱仪,质谱仪的灵敏度比光谱仪更高。质谱仪由电感耦合等离子体发生器、电磁分离、检测器、真空装置和取样锥等组成。电感耦合等离子体发生器部分包含雾化系统与等离子体中心区,由高频功放管、线圈、同心石英管、雾化器、载气源组成。电磁分离部分,有很多类型,如四极(4个质量过滤器)、单焦点、双聚焦、离子阱等,其中以四级杆最常见,它的结构较为简单,效果较好,成本相对较低,有少数装置为提高空间分辨率以八级杆为分析器。检测器,用来将离子信号转化为电信号。真空装置,用以保持检测器和电磁分离部分的真空状态,这样离子就能得到尽量大的自由程,便于通过分离器到达检测装置。取样锥一般由金属材料制成,常见的是铂锥和镍锥,铂锥成本相对较高但耐腐蚀性好。取样锥可以使等离子体发生器产生的离子进入电磁分离器,并减少等离子体尾焰的电磁干扰。检测器用来将离子信号转化为电信号。

二、有机污染物检测技术

(一)气相色谱法

气相色谱法是食品有机污染物分析中最基础的方法。气相色谱法的检测器种类比较多,实际应用中根据不同的有机污染物选择不同的检测器,使用比较多的是氢火焰检测器、氮磷检测器、电子捕获检测器等。检测点的分析原理是通过色谱柱将有机污染物成分进行分离,再用检测器依次测量分离出的污染物质,测出每一污染物的峰高和峰面积,并通过测定系列浓度标液的峰高或峰面积得到校准曲线,进而测定待测试样的峰高或峰面积,代入校准曲线得到试样的浓度,并且通过保留时间判断色谱峰对应的污染物质。

(二)气相色谱质谱法

与气相色谱仪相比,气相色谱质谱仪的灵敏度更高,并且可以对有机污染物进行定性。它与气相色谱仪的主要差异在检测器。气相色谱质谱法的分析原理是被分析样品经毛细管柱分离,进入离子源。采用电子电力标准配置(EI),产生正离子,在推斥、聚焦、引出电极的作用下将正离子送入四极杆系统,通过四级杆系统后进入离子化检测器,得到质谱图,与质谱库比对进行定性。气相色谱质谱仪一般通过内标法进行定量。

(三)液相色谱法

液相色谱是一种基于液相为介质的色谱技术,它通过对样品分子在液相中的分配和吸附作用进行分离,从而实现对样品的定性和定量分析。

1. 液相色谱仪的构成

液相色谱仪是实现液相色谱分离的主要设备,其构成如下。

(1)进样系统。使待分离的样品以极微量进入液相色谱柱子中。进样系统一般包括进样器和自动进样器两种,其中自动进样器可以自动完成多个样品的连续进样操作。

(2)液相色谱柱。液相色谱柱是实现色谱分离的重要部分,通常由不同的填料(比如各种不同材料的颗粒)填充而成,也可以是开放式管道(开放管柱)。当样品进入柱子后,样品分子与填料发生分配、吸附等相互作用,从而实现分离。

(3)移相系统。移相系统主要由流动相(液相)的泵、溶液容器、控制器等组成,它主要负责将流动相送入柱子,并在柱子中进行分离。

(4)液相色谱检测器。液相色谱检测器主要用于检测某种化合物在液相色谱柱中存在与否,以及其相对浓度的大小。液相色谱检测器将检测结果传输到计算机系统中,通过数据处理和分析实现对样品的定性和定量分析。

(5)数据处理系统。液相色谱仪的数据处理系统主要由计算机、色谱软件等组成,它可以对检测结果进行数据处理和分析,如生成色谱图、峰面积计算、峰高度计算、定量分析等。

2. 液相色谱仪的优点

(1)分离效果好。液相色谱仪可以实现对复杂混合物的高效分离。通过选择合适的色谱柱和优化分离条件,可以分离和定量分析样品中微量、复杂和热敏的化合物。

(2)能适应多样性样品。液相色谱仪适用于各种样品类型,包括有机化合物、无机离子、生物大分子(如蛋白质和核酸)等。液相色谱仪的灵活性使其可以适应广泛的应用领域和各种分析要求。

(3)可选择性强。通过调整液相色谱仪的分离模式、柱填料、流动相组成和pH值等参数,可以实现对不同化合物的选择性分离。这样在复杂样品中识别和分析目标化合物时具有较强的选择性。

(4)灵敏度高。液相色谱仪对于分析低浓度目标化合物或需要高灵敏度检测的应用非常重要。

(5)自动化程度高。现代液相色谱仪的功能通常是高度自动化的,包括样品进样、流动相控制、数据采集和处理等。这使得分析过程更加方便、高效,并降低了人为误差的可能性。

3. 液相色谱仪的缺点

(1)装置复杂。液相色谱仪通常由多个部分组成,包括进样器、柱温控制、流量控制、检测器和数据采集系统等。对于初学者来说,可能需要一定的学习和操作时间才能熟练掌握仪器的操作和维护方法。

(2)运行成本高。液相色谱仪的运行成本较高,包括柱填料、流动相溶剂、检测器的维护和定期校准等。此外,一些特定应用可能需要昂贵的仪器附件或特殊的柱填料,这增加了使用液相色谱仪的成本。

(3)分析时间较长。相比于气相色谱(GC)等技术,液相色谱的分析时间通常较长。

(4)柱寿命有限。液相色谱柱的使用寿命有限,并且在使用过程中可能受到样品残留物、溶剂成分和柱填料老化等因素的影响。因此,液相色谱仪厂家定期更换柱和维护柱的状态对于保持分析结果的准确性和可重复性非常重要。

（5）对样品预处理要求高。某些样品需要进行复杂的前处理步骤，如样品提取、净化或衍生化等，以适应液相色谱分析的要求。这增加了分析的复杂性和时间成本。

总体而言，液相色谱仪的应用领域广泛，分析能力强，但也存在装置复杂、运行成本高、分析时间较长、柱寿命有限和对样品预处理要求高等缺点。在选择使用液相色谱法进行分析时，需要综合考虑其优点和缺点，并根据具体分析需求进行权衡。

（四）液相色谱质谱法

液相色谱质谱仪的灵敏度比液相色谱仪高，并且可以对有机污染物进行定性，它与气液色谱仪的主要差异是检测器不同。液相色谱质谱法的分析原理是使被分析样品经毛细管柱分离，进入离子源。采用电子电力标准配置（EI），产生正离子，在推斥、聚焦、引出电极的作用下将正离子送入四极杆系统，通过四级杆系统后进入离子化检测器，得到质谱图，与质谱库比对进行定性。液相色谱质谱仪一般通过内标法进行定量。仪器结构主要包括：泵、脱气机、自动进样设备、柱温箱、紫外检测器；质谱分析系统包括：气源、真空泵、离子源、四极杆质量分析器。

第二章 食品分析的质量控制

第一节 食品分析全过程质量控制

食品分析是食品安全管控的科学手段之一,分析数据的准确与否至关重要,而分析数据的准确性与人员、仪器、试剂耗材、环境设施、样品代表性等因素密切相关。下面我们从实验室基础条件、采样分析过程、出具检测分析报告三个方面的质量要求进行阐述。

一、实验室基础条件的质量要求

(一)实验室基础设施

现代食品检测技术涉及面广,技术精密度越来越高,对实验室的设施及实验条件的要求也越来越高。食品检测的项目内容众多,涵盖学科多,主要有常规理化检测、营养素检测、农药残留检测、兽药残留检测、食品添加剂检测、微生物检测、转基因成分检测等,不同的检测项目内容对实验室设施的条件要求不同。

实验室基础设施建设是食品检测质量控制的第一步,需要考虑到各项技术规范。建议按照以下流程进行建设。

(1)合理定位,科学规划。需要明确实验的发展定位和长期发展规划。

(2)实验室设计优先。食品检测实验室建设主要分为两种:一种是租赁改造;另一种是整体新建。无论哪一种形式,在实验室改造或新建之前务必进行专业的实验室设计。否则可能会出现未设计风井、未考虑气瓶室、分区过于简单或不合理、未考虑恒温恒湿室等特殊房间功能等问题。

（3）选择设计单位。设计单位应具有相应的技术能力,具有食品检测实验室专项建设的成功经验。实验室至少应有一名专业的技术人员与设计单位进行技术对接,确保设计考虑各项技术细节和长远发展的预留。

（4）合理布局平面功能。平面功能布局是实验室合理规划后的具体呈现,是后续建设的基本考量依据,每个检测功能承担检测的内容不同,建设的要求也不相同。

（5）实验室电力设计和建设。实验室,尤其是精密仪器室的电力设计主要依据各功能区放置设备的要求进行设计,主要考虑电源电压、零地电压、空开型号、电源插座、功率等要点。

（6）实验室温湿度控制系统的设计和建设。食品检测实验室需要大量的精密设备,这些精密设备均需要一定的操作环境,并且要避免空调或其他调温设备直接对着精密设备。因此实验室温湿度控制系统设计需要依据各功能区内部的平面设计、仪器设备的要求及检测项目的技术要求。

（7）消防系统的设计和建设。食品检测实验室的消防设计要考虑不同功能区域的特点,比如试剂室可采用沙子,大型设备室采用气体灭火器等。

（8）排水系统的设计和建设。食品检测实验室会用到酸性物质、碱性物质和有机物,这些物质会对排水管路造成腐蚀或使其溶解,建议首选 PPR 材质。

（9）气路的设计和建设。食品实验室重金属和有机污染物的检测基本都需要气体,比如氮气、氦气、乙炔、氩气等,其中乙炔属于易爆气体,有些设备对气路的距离也有要求。气路设计和建设既要考虑各功能区仪器设备的供气距离及压力要求,也要考虑气瓶室及气路的安全问题。

（10）室内细节的设计与建设。为了便于参观检查,走廊两侧或大型仪器室可采用落地玻璃幕墙设计,这样更加通透明亮,便于管理。这样设计的缺点是不能在墙根预留插座,同时门的稳定性较差,造价也较高。实验室若要达到最佳的视觉效果,配色也是一个需要考虑的方面。搭配合理的柜体、台面、地面、天花板会令参观者过目不忘,令使用者身心愉悦。

（二）实验室仪器设备的选购及使用

1. 实验室仪器设备的选购

实验室仪器设备性能的好坏决定着分析数据的准确性，而设备选购是第一步，建议选购时从以下几个方面来考虑。

（1）了解实验室的需求。在选择实验室仪器之前，需要确切了解实验室需要什么类型的仪器、对其功能的要求以及使用频率等。

（2）质量与价格的权衡。在实验室仪器的选购中，需要平衡实验室的需求和预算，选择质量合适、功能齐全、价格合理的仪器。

（3）了解供应商的信誉。在选购仪器时，应考虑仪器供应商的信誉度。可以参考机构或同行的经验，或根据供应商的产品质量、服务质量、售后服务质量等因素进行评估。

（4）测试和验证。在选择实验室仪器之前，需要进行充分的测试，以确保仪器性能符合实验室的要求，并能够可靠地工作。

（5）了解供应商的售后技术支持。选择检测仪器设备时，需对供应商的售后服务和技术支持进行评估，以确保仪器出现问题时，能够及时得到相应的技术支持。

（6）购买方式。可以通过正规途径购买新仪器，也可以通过二手市场购买二手仪器。但需要注意的是，无论何种方式，都要确保仪器的质量和性能符合实验室的需求，操作简单、指标准确、可靠并且具有长期稳定的运行状态。

2. 实验室仪器设备的使用

实验室仪器设备的使用需要注意以下几个方面。

（1）仪器设备投入使用前必须进行检定/校准。直接给出检测数据或直接影响检测报告的检测设备，必须按照相关规范要求和标准规范要求进行检测量值的溯源性检定/校准，只有量值溯源合格后方可投入使用。

（2）做好仪器设备的存放及维护，确保仪器设备功能正常，防止性能衰退及内部污染。

（3）大型精密仪器应授权专业技术人员作为该设备的管理及使用者，禁止非专业人员使用。

（4）各仪器设备授权或负责技术人员除可使用该设备外,还应编制相应的设备作业指导书,做好定期维护保养工作,确保仪器设备性能正常。

（5）不同的仪器设备有不同的检定或校准周期,设备管理员要做好实验室全部设备的检定/校准工作,确保仪器设备使用期间均已经检定或校准。

（6）仪器设备检测结果不准或不能使用时,应停止使用,在设备显眼处粘贴停用标识,并填写设备维修申请单,通知设备耗材管理部门立即联系有关部门或制造商进行维修。修复的仪器设备在投入使用前须通过校准或检测,确定能正常工作后方可投入使用,并重新追溯仪器发生故障之前所进行的检测工作是否受影响。

（7）对于具有多项使用功能的仪器设备,其中部分功能不能使用,但检测所需的功能正常的,则该设备应该降级使用。

（8）现场检测仪器设备。在使用前,应仔细检查仪器设备的功能和成套性是否符合检测方法的要求,在运输、保管中应严格按照仪器设备管理的要求执行。

（三）标准物质的选购与使用

标准物质作为分析测量值溯源与传递的重要载体,在分析检测值或测量过程中起着非常重要的作用。尤其是在仪器的校准、分析方法的验证和质量控制过程中,标准物质很大程度上保障了检测结果的精确性、准确性和一致性。建议从以下几方面做好标准物质的质量控制。

（1）标准物质的选购。实验室的标准物质采购应尽量选择行业内的知名供应商,从国家标准物质目录中选择所需的标准物质,确保标准物质在有效期内；国家标准物质的制备、定值及认定符合JJF 1342—2012、JJF 1343—2012和GB/T 15000给出的有效程序。对出售国家标准物质的供应商进行定期评价和资质核查。购买属于危险化学品或易制毒化学品的国家标准物质应符合国家相关规定。

（2）标准物质的验收。验收内容主要有生产商、外观包装、有效期、技术验收等,应形成验收记录并归档。

（3）标准物质的保存。不同的标准物质保存要求不同,每一标准物质都有一份配套的标准物质证书,实验室标准物质管理员应按照标准物质证书上的要求进行存放。标准物质一旦过期,不能用于校准曲线的制作及准确度的判定。另外,属于危险化学品或易制毒化学品的国家标准物质,其保存和使用应该严格遵照国家相关规定。

(4)标准物质溶液的管理。标准物质在投入使用前,应按照标准物质证书上的配置要求配置成溶液,在盛放该溶液的容器上粘贴相应的标签,标签上注明溶液名称、浓度、配置日期及配置人等信息。

(5)过期或失效标准物质的有效处置。实验室应建立标准物质处置规定,根据不同标准物质的性质,制定相应的处理规定。比如汞标准物质属于有毒有害物质,当它过期或失效时,应存于危险废物存放间,定期由有资质的危险废物处置单位处置;属于危险化学品或易制毒化学品的废弃物,其处理应符合国家相关规定。

(四)检测分析容量器皿的质量要求

食品检测分析所需的玻璃器皿非常多,下面重点讲解常用的容量器皿的质量控制要求,比如滴定管、移液管和容量瓶,这些容量器皿在使用前均需校准,相关的质量要求如下。

(1)滴定管的使用。滴定管每次使用前需要润洗至少3次,润洗液不应再使用,随后将滴定液装入滴定管中,待内壁上无附着液时便可读数,并记录下来,读数时确保滴定管管身自然垂直。然后进行滴定,滴定结束后,进行读数并将数值记录下来。将滴定管内剩余的溶液倾倒掉,洗涤干净,倒挂在铁架台的蝴蝶夹上。

(2)移液管的使用。使用前进行数次润洗,润洗液不应再使用,随后将移液管插入溶液中,按压洗耳球后,将洗耳球头部插入移液管顶部,慢慢松开洗耳球,当移液管内的溶液超过所需体积的刻度线后,移开洗耳球,快速用食指按压移液管口,轻轻放松食指,让移液管内的溶液流入溶液瓶中,直至刻度线处,再用力按压移液管口。将该移液管下端靠近容器内壁,移液管身直立,容器倾斜,放开食指,溶液沿着容器内壁流下。使用完毕后进行清洗存放,注意保护好移液管的尖端。

(3)容量瓶的使用。在使用前,应用棉绳将容量瓶的瓶塞与瓶体系起来,并检查瓶塞是否严实。将溶液沿着容量瓶壁导入容量中,倒到容量瓶瓶颈的最底部时,慢慢加入溶液,直至溶液达到容量瓶的刻度线为止,这样就配置出所需对应容积的溶液,将溶液转移至溶液存放容器中,并将容量瓶清洗后倒置在容量瓶架上。

（五）实验室用水要求

实验室用水，是和每个实验室息息相关的，与实验的每一个步骤，每一个结果，都有着密切的联系，对于实验室用水，具体的质量要求如下。

（1）级别要求。不同食品污染物质分析需要不同级别的水，应符合国家水质使用标准，主要分为一级、二级和三级三类。

（2）使用范围。液相色谱仪、液相色谱质谱仪和离子色谱仪对水质要求很高，一般得用一级水。火焰原子吸收光谱仪、石墨炉原子吸收光谱仪、原子荧光光谱仪等无机痕量分析设备，一般得用二级水。常规化普通理化实验采用三级水。

（3）贮存要求。一级水需现制备，不能留存。二级水和三级水可储存。

（六）实验室化学试剂质量管理要求

实验室化学试剂的质量管理要求如下。

（1）食品检测实验室应设置一名专业的试剂管理员，负责试剂的入库、储存及出库等工作。

（2）化学试剂类别不一样，管理要求也不一样。比如可能会发生反应的两种试剂不能存放在同一储存柜中；易制毒、易制爆试剂实行双人双钥管理，并且同步在公安易制毒易制爆管理系统中做好登记，确保台账与系统的一致性；剧毒试剂存放于保险柜中，双人双钥管理。

（3）试剂入库、出库、日期及领用人均应同步做好登记。

（七）实验室检测人员要求

实验室检测人员应具有一定的行业经验，熟悉行业标准及技术规范，熟练使用仪器设备。对于新人而言，应有一定的见习期，接受专业理论知识和实际操作的培训，经培训考核合格后方能上岗。实验室检测人员应该满足以下要求。

（1）执行有关法律、法规，熟悉本公司质量方针、质量目标。

（2）努力学习专业知识和实际操作技能，提高检测水平，对各自的检测工作质量负责。

（3）严格按照有关规定，按时完成各项检测工作任务，并做好交接手续。

（4）对检测样品进行逐一核对，检查检测样品的可检状态，做好检测原始记录，出具的检测报告应准确无误。

（5）定期进行精密仪器的维护保养，同时做好仪器设备使用记录，发现故障或出现异常情况立即停机检查，并报告部门负责人。

（6）监控好实验环境条件，并且同步记录。

（7）做好每一个客户技术资料的保密工作。

（8）严格执行安全制度，离开岗位时要检查水源、电源、气源，防止事故发生。

（9）做好试剂、标准品及器具的技术验收工作。

二、采样分析过程的质量要求

（一）采样过程的质量要求

食品样品采样是接触到样品的第一步，非常重要，决定后续检测结果的权威性，应该满足以下原则。

（1）代表性原则：通过对特定代表性样品的监测，即对食品质量的客观推测，所采集的样品能够真实反映被采样的总体水平。

（2）适时性原则：食品样品检测项目的保存条件及保存期限存在差异，采样时要考虑样品的保存及运输时间。

（3）适量性原则：食品样品检测项目都有相应的分析标准，分析标准中均有样品量的要求，采集的样品量应该满足要求。

（4）无污染原则：食品样品采集过程中应避免污染。

（5）无菌原则：食品样品微生物项目采集时，要严格按照技术规范要求进行无菌操作。

（6）程序原则：按规定程序操作、送检、留样、出具报告，每一阶段都做到手续完备、交接明确。

（二）分析过程的质量要求

1. 分析方法的选择

食品检测实验室拥有政府认证的资质才能出具具有法律效力的检测报告，选择的分析方法应该来自政府认证的资质表。如果不用出具具有法律效力的检测报告，可以采用非标方法，但使用前应进行方法确认。

2. 常规的质量控制

食品检测方法选定后,确保检测数据的准确性应采取以下质量控制措施:空白试验、校准曲线、平行样品采样和加标回收率。这些质量控制措施的测定数据应该满足分析方法中的规定。

三、出具检测分析报告的质量要求

样本检测结束后,必须检查检验分析数据是否记录准确、计算结果是否在误差允许范围内、对计算结果有效数据的处理是否符合数值修改规则、检验结果是否经过复核、出具的检验报告是否准确、签名是否准确等内容,同时还必须检查分析数据是否记录准确。

第二节　资质认定与实验室认可

一、食品检验检测机构资质认定

食品检验机构资质认定也称 CMA(China Metrology Accredidtion)认证,由省级及国家级相关职能部门依照有关法律法规、技术标准和技术规范对实验室机构的硬件条件和软件能力进行认定,判定是否满足条件,是否符合有关食品安全法律法规的规定,以及是否为相关标准或者技术规范要求实施的评价和认定活动。资质认定分为国家级和省级两级。"计量认证资质"按国家级和省级由国家认监委或省技术监督主管部门分别监督管理。CMA 虽然分为国家级和省级,但法律效力是相同的。CMA 在国内通用,是强制性的,所有为社会提供公正数据的产品质量检验机构都必须具备该项资质,所有具备法律效力的检测报告都必须加盖 CMA 章。

二、食品检验检测机构实验室认可

实验室认可,即中国合格评定国家认可委员会(China National Accreditation Service for Conformity Assessment,CNAS)依据 ISO/IEC、IAF、PAC、ILAC 和 APLAC 等国际组织发布的标准、指南和其他规范性文件,以及 CNAS 发布的认可规则、准则等文件实施的认可活动。对认证机构、实验室和检验机构的管理能力、技术能力、人员能力和运作实施能力进行评审。CNAS 在国际上通用,是自愿的,CNAS 章可根据产品是否出口,选择性加盖。

三、食品检测机构实验室认证

农产品质量安全检测机构考核(China Agri-product Testing Laboratory,CATL),是农产品质量安全检测机构考核合格的标志,是省级以上人民政府农业行政主管部门按照相关法律、法规以及相关标准和技术规范的要求,对向社会出具具有证明作用的数据和结果的农产品质量安全检测机构进行条件与能力评审和确认的活动。只有通过 CATL 资质认证的实验室,才可以承接农委授权的各项农产品例行检测和风险监控工作任务。CATL 的主要检测范围覆盖农业领域的产地环境调查和监测、农产品中农药残留、兽药残留、重金属、微生物以及农业投入品等检测内容。

第三章 食品样品的采集与处理

第一节 食品样品的采集、运输和保存及制备

一、食品样品的采集

(一)常规采样方法

1. 散装食品

(1)液态、半液态食品采样。以液态、半液态食品的盛装容器为单位,每一单位采集一份样品,采样前将该单位容器中的液态、半液态食品搅匀。如果难以搅匀,可将该单位容器分为三层,高度一致,从每一层的四个角及中间点取样,形成混合采集样本。如果液态、半液态食品没盛放在容器中,是自由流动的,根据生产工艺特点选定时间间隔及采样量采集混合样品。

(2)固态食品采样。根据散装的形状、面积和高度设定采样方案。按照每区 50 m² 的面积进行分区,每个区设 5 个采样点,为中心点及四个角,当两区共用一个边界时,在共用边界的两个角为共有点。根据各采样点感官形状是否一致,判定样品是否需要混合,一致则混合,不一致则不混合。

2. 大包装食品

（1）液态、半液态食品采样。采样前,对样品感官性状进行检查,尤其盛放容器底部,同步做好记录。然后按照本节"1. 散装食品（1）"中的要求进行取样。

（2）颗粒或粉末状的固态采样。如大批量的粮食、油料和白砂糖等食品,堆积较高,数量较大时,应将其分为上、中、下层,从各层分别用金属探子或金属采样管采样。一般粉末状食品用金属探管（为防止采样时受到污染,可用双层套采样器采样）;颗粒性食品用锥形金属探子采样;特大颗粒的袋装食品如蚕豆、花生果、薯片等,要将口袋缝线拆开,用采样铲采样。每层取样考虑数量一致性、方位多样性。根据各采样点感官形状是否一致,判定样品是否需要混合,一致则混合,不一致则不混合。

3. 小包装食品（每包 0.5 kg 以下）

采取随机抽取的方法,从同一班次或同一批号随机抽取 3±1 包。

4. 其他食品

（1）对于同质的肉类,采样点设五个,分别为中间点和四角。随后将每个采样点的位置分三层,分别为上层、中层和下层。将五点三层取下的小肉块进行混合,形成一个样本。如品质不同,可将肉品分类后再分别取样。

（2）冰蛋（冰全蛋、巴氏消毒冰全蛋、冰蛋黄、冰蛋白）按生产批号,在生产过程装罐时流动取样。以每 4 h 生产数量为单位,每 0.5 h 取样一次,每次 50 g,留入已灭菌的玻璃瓶中混合后送检。已制成冰蛋的,则要用已灭菌的钻头取样,按无菌操作程序进行,取样量不少于 0.5 kg。

（3）大块熟肉采样,可在肉块四周外表均匀选择几个点,用经高压消毒的板孔 5 cm^2 的金属制规板,压在所选点的位置上,再用经生理盐水湿润的灭菌棉球拭干,在规板范围内揩抹 10 次,然后,移往另一点做同样揩抹。每个规板只压一个点,每支棉拭子揩抹两个点。一般大块熟肉共揩抹 50 cm^2（即 10 个规板板孔,5 支棉拭）,每支棉拭子揩抹两个点立即剪断或烧断（剪子要经酒精灯燃烧灭菌）,随后放入玻璃容器（内含灭菌生理盐水）中。

（4）冷饮（冰棍、冰淇淋等）。用灭菌小刀将木棍切断，将冰棍置入灭菌广口玻璃瓶中。小包装的冰淇淋应先将包装盒盖打开，用灭菌小匙将包装内的冰淇淋装入灭菌广口玻璃瓶内，每三包为一个样本。无包装或大包装冰淇淋，用灭菌小匙取样250 g以上装入灭菌广口玻璃瓶内送检。

（5）食具采样。选取大食具2只，中食具5只，小食具10只，筷子3根，作为一份样本，食具用滤纸贴附法采样，筷子用洗脱法采样。

①滤纸剪成2 cm×2.5 cm小片（每张5 cm^2）及1 cm^2小片，先用灭菌生理盐水湿润滤纸，贴在食具内壁，然后依次取下，放入盛有51 mL灭菌生理盐水的大试管或三角瓶中，每份食具贴51 cm^2。将采样的1 mL作细菌总数测定，50 mL作大肠菌群测定。

②筷子用洗脱法采样，在大试管（30 mm口径）里装50 mL生理盐水，将筷子进口一端浸洗轻摇约20次取出送检。

（二）微生物检验无菌采样方法

1. 采样用具、容器灭菌方法

（1）玻璃吸管、长柄勺、长柄匙，要单个用纸包好或用布袋包好，经高压灭菌。

（2）盛装样本的容器要预先贴好标签，编号后单个用纸包好，经高压灭菌消毒，密闭、干燥。

（3）采样用棉拭子、规板、生理盐水、滤纸等，均要分别用纸包好，经高压灭菌消毒，备用。

（4）金属用具，比如平嘴镊子、夹头剪刀、刀具等，在使用前均要用火焰消毒。

（5）消毒好的用具要妥善保管，防止污染。

2. 无菌操作步骤

（1）采集样品前，要做好两次消毒工作：一是用酒精棉球消毒手部；二是用酒精将采样口及其周围进行擦拭，再打开采样容器。

（2）固态、半固态、粉末状样本，用灭过菌的采样工具取样，装入灭过菌的容器中。

（3）散装液态样本采样前，应搅拌均匀。对有活塞的散装液态样品，采样前务必使用酒精将采样口及其周围擦拭消毒。消毒完成后将活塞打开,先放出部分液态样品,再将液态样品加入灭过菌的采样容器中。

二、食品样品的运输和保存

采集的食品样品在运输和保存环节应符合相应标准规范要求。部分主要规范如下。

(1)在样品有效期限内将样品送往实验室进行处理分析,或者按规范保存条件要求存放在留样室。

(2)对于冷冻食品或易腐烂食品,优先使用有便携式冰箱的车辆运输,若无该条件,也可在样品箱内加入冷冻剂,确保样品保存条件符合标准规范要求。

(3)样品尽可能保持原本状态。比如有包装的食品需从未开封的包装中采集,采集干燥的样品则保存在干燥的容器中。

(4)保存容器的选择主要依据需采集食品的性状和检测项目的稳定性。

(5)个别食品样本需在现场做好处理,才能运输送往实验室,比如做霉菌的检测。

三、食品样品的制备

食品样品的形态众多,有液态、固态,固态有质地坚硬的和质地软的。这些形态的样品进入预处理或分析之前,须通过制备,保证样品的一致性和均匀性。样品的制备方式主要有搅拌混匀、粉碎混匀、捣碎混匀等。以下就不同形态的样品制备方法做阐述。

(1)液态、浆态或悬浮液态食品样品。主要采取玻璃棒进行手工搅拌,或采取搅拌器进行电动搅拌,确保样品均匀。

(2)互不相溶的食品样品。采样前需要将食品中分离开互不相溶的成分,并且单独进行采样,送回实验室分析。

(3)质地硬的固态食品样品。采用粉碎机直接进行粉碎,将样品制成细腻均匀的形态,便于样品的预处理。比如谷物类样品。

(4)质地软的固态食品样品。首先采用刀具切细,再用组织捣碎机制成细腻均匀的形态,便于样品的预处理。比如果蔬类样品和肉类样品。

（5）罐头食品样品。这类样品需要剔除其中非食用或非需要部分,剩余部分用组织捣碎机制成细腻均匀的形态,便于样品的预处理。比如水果罐头剔除果核、肉禽罐头剔除骨头。

第二节　食品样品的预处理

食品样品制备完需要进行预处理,预处理主要发挥以下作用:去除样品中的杂质干扰;对痕量组分进行浓缩,确保仪器可检测出;对仪器的保护更好,提高耐用性;可以使样品的形式符合仪器要求;提高检测的灵敏度。下面介绍食品样品常见的预处理方法。

一、有机物破坏法

要确保食品样品中的重金属等无机元素被全部提取出来,需将与金属形成的结合化合物中的有机物质破坏掉。常见方法如下。

（一）湿法消解

湿法消解是最常用的前处理技术,它是采取酸性提取,比如硝酸、盐酸、硫酸、高氯酸、氢氟酸等,破坏食品样品中的有机物等杂质,将金属元素提取到酸中的方法。湿法消解加热的设备也快速发展,传统的加热消解设备主要有水浴锅和电热板,其中电热板应用相对更加广泛,现在一些新兴的加热消解设备也在陆续使用,比如孔式消解器。湿法消解的优点是适用范围广、操作比较简单、处理样品量比较大;同时也具有消耗酸的量比较大、消解的时间较长、混酸消解会对后续的测定产生干扰等缺点。

（二）微波消解

微波消解技术是指利用微波能量来加快化学反应速度,快速分解、消解样品中的有机物和固体物质,以获得高纯度试样的过程。

当样品被置于微波电磁场中时,电场和磁场交替变化,使样品中所有的原子、分子都受到微波辐射的作用,从而达到"均质加热"的效果。微波消解技术采用微波能量将样品加热到高温和高压的状态下,使样品中的有机物和固态物质分解分离,同时去除样品中的脂肪、蛋白质等"示踪剩余",得到样品的高纯度实验数据,符合现代科学研究的标准。

1. 微波消解的优点

微波消解具有以下优点。

（1）高效快捷：与传统的消解方法相比,其消解效率更高,消解时间更短,更能满足快速实验的需求。

（2）操作简单：操作过程简单、快捷,易于掌握,操作方便。

（3）环境友好：所需酸的量少,对环境的污染极小,符合环保的要求。

2. 微波消解的缺点

微波消解也有以下缺点。

（1）每次处理的样品数量比较少。

（2）相对湿法消解,其仪器价格较高。

微波消解法是一种新兴的样品前处理技术,目前在食品检测、环境检测等领域均得到了很好应用。随着科技水平的不断提高,技术的发展将更为迅速,它在生态环境保护和食品安全检测方面的应用前景也将会越来越好。

（三）干灰化法

干灰化法是利用热能将试样中的有机物质分解完,再用稀释的酸溶解待测元素的方法。干灰化法处理流程为准确称取适量的样品,放入坩埚中,先用电炉进行低温炭化,直到无烟冒出,再放入马弗炉中,不同的样品设置不同的温度,一般设置为375～600 ℃,使样品灰化完全,随机用稀释的无机酸洗出定容。干灰化法具有处理样品量大、所用酸的量少、消解定容后的溶液基体效应小、操作过程简单等优点,也有部分挥发性元素容易损失、坩埚对待测元素有一定的吸附性、处理时间比较长、适用范围小等缺点。

（四）压力罐消解法

压力罐消解法的处理过程是称取少量的试样于聚四氟乙烯内罐，加入 5 mL 硝酸浸泡过夜，再加入不超过罐容积 1/3 的 30% 过氧化氢溶液，随后将内盖和外套盖好拧紧，放入恒温干燥箱中，保持温度为 140 ± 20 ℃，时长为 5 ± 1 h。到时间后，让压力消解罐在箱内冷却至室温，再拿出来进行加热赶酸，加热至快干的时候，将消化液用稀硝酸溶液洗入所需定容容积的容量瓶中，继续用稀硝酸洗涤消解罐内罐和内盖，至少 3 次。洗液转入容量瓶并用 HNO_3 定容。

二、溶剂提取法

在相同的溶剂中，每种物质的溶解度是不一样的，有的物质好溶解，而有的物质不好溶解。溶剂提取法就是利用这一原理，将样品中待测组分提取分离。溶剂提取法主要有浸提法、溶剂萃取法和盐析法。

（一）浸提法

浸提法是依据相似相溶的原理从固态食品样品中利用极性接近的溶剂进行提取待测物质的方法。比如有机氯农药可用正己烷或石油醚提取，二者极性均较弱；黄曲霉素 B_1 可用甲醇与水的混合溶液提取，二者极性均较强。提取溶剂的沸点要适宜，控制在 60 ± 15 ℃ 范围。

（1）振荡浸渍法操作简单易上手，待测物质回收率偏低。主要通过溶剂浸渍和定时振荡的方式，从固态食品样品中提取待测物质。

（2）捣碎法容易上手，待测物质回收率也比较高，主要缺点是杂质去除不彻底。主要通过溶剂捣碎的方式从食品样品中提取待测物质。

（3）索氏提取法所需提取溶剂的量不多，待测物质的回收率高，但也有操作时间长、过程烦琐等缺点。

（二）溶剂萃取法

溶剂萃取法具有操作简单易上手、分离效果好、适用性广等优点，但具有毒性、易挥发。溶剂萃取法主要利用溶解度或分配系数的不同将需要检测的物质分离出来。

萃取剂需要满足以下条件。

（1）与待测溶液中的溶剂互不相溶。

（2）能够最大程度地溶解被测组分，最小程度地溶解样品中的杂质。

（3）不能与被测组分发生反应，保证被测组分的完整性。

（三）盐析法

盐析法具有操作简单易上手的优点，同时盐析提取物质的纯度较低，多用于初步纯化。盐析法主要是向待测溶液中加入盐类物质，降低被测组分在待测溶液中的溶解度，进而从待测溶液中将待测物质解析出来。盐析法是否能顺利进行与pH值、离子强度及温度等盐析条件相关，并且加入的盐类物质不能影响待测物质的完整性。

三、蒸馏法

蒸馏法主要利用待测溶液中待测组分与杂质挥发度的差异，将待测组分分离出来。该方法具有分离效果好、杂质净化度高等优点，但也有操作复杂的缺点。蒸馏法主要有以下三种蒸馏方式。

（一）常压蒸馏

常压蒸馏是利用常压下各组分挥发度的差异进行分馏，获取净化的待测组分。一般在两种情形下使用：一是待测物质在加热条件下不易分解，二是待测物质的沸点不高。依据被测物质的沸点可以选择不同的加热方式，当被测物质的沸点低于90 ℃时，可采用水浴的方式加热，在被测物质的沸点超过90 ℃时，可采用油浴、盐浴、沙浴或石棉浴的方式加热。当被测物质不易爆不易燃的前提下，可以垫个石棉网采用电炉直接加热。

（二）减压蒸馏

样品中待蒸馏组分易分解或沸点太高时，可采取减压蒸馏。该方法装置比较复杂。

（三）水蒸气蒸馏

水蒸气蒸馏是采取蒸汽的方式将需要检测的物质分离出来。例如，防腐剂苯甲酸及其钠盐的测定,从样品中分离六六六等,均可用水蒸气蒸馏法进行处理。

四、化学分离法

化学分离法是通过待测物质中待测组分或杂质的化学反应性质特点达到分离或净化待测组分的方法。化学分离法主要可分为硫酸磺化法、皂化法、沉淀分离法和掩蔽法四种。

(一)硫酸磺化法

硫酸磺化法是有机物质与硫酸发生磺化反应后,引入磺酸基,促使反应产物具有水溶性,进而分离出该有机物质。食品检测预处理可用浓硫酸与油脂、脂肪、色素发生磺化反应,生产可溶于硫酸和水的极性强的反应产物,进而较好地去除杂质干扰。

(二)皂化法

皂化法是通过热碱与油脂发生化学反应去除脂肪干扰的方法。

(三)沉淀分离法

沉淀分离法是通过沉淀反应生产沉淀产物达到分离待测物质中待测组分的方法。比如测定糖精钠的含量时,可通过加入沉淀剂碱性硫酸铜,与待测物质中的蛋白质干扰组分发生沉淀反应,生产沉淀物质,达到分离净化糖精钠的目的。

(四)掩蔽法

掩蔽法是通过掩蔽剂去除干扰成分。该方法主要应用于重金属元素的测定。比如采用双硫腙分光光度法测定 Pb 时,铜离子和镉离子均会发生干扰,可通过分别加入掩蔽剂氰化钾、柠檬酸铵进行掩蔽,从而不干扰 Pb 的测定。

五、色层分离法

色层分离法既可称为层析法,也可称为色谱分离法,是指利用待测物质中待测组分与杂质物理化学性质的不同,从而使色层柱中的固定相及流动相间的分配系数存在差异,通过连续分配达到分离的目的。色层分离法根据分离原理的不同可分为吸附色谱分离法和离子交换色谱分离法。

(一)吸附色谱分离法

吸附色谱分离法是利用吸附能力的差异将需要检测的物质分离出来,常用的有硅胶活性炭等吸附剂。比如在测定色素时,可用活化后的吸附剂聚丙烯酰胺吸附样品中的色素,而不吸附干扰成分,达到净化色素的目的。

(二)离子交换色谱分离法

离子交换色谱分离法常用于难分离的物质,通过阴离子交换或阳离子交换的方式分离待测物质中的待测组分和干扰成分。待测物质溶液中的待测组分离子或干扰成分离子可与离子交换剂上的氢离子或氢氧根离子发生交换,从而分离出需要检测的物质。

六、浓缩

食品样品提取液或净化液往往溶剂量较大,待测组分的含量较小,不利于后续的仪器检测分析。遇到这种情形应对样品溶剂进行浓缩后再进入后续的仪器分析阶段。浓缩的目的就是将溶剂容积减少,提高待测组分的含量。浓缩过程要注意挥发性强和稳定性弱的待测组分损失,确保较高的回收率。浓缩方法主要有自然挥发法、吹气法、KD浓缩器浓缩法和真空旋转蒸发法四种。

(一)自然挥发法

自然挥发法操作简单易上手,但消耗时间太长。自然挥发法是指在室温下使提取液或净化液中的溶剂自然挥发,达到所要求的浓缩量的过程。

(二)吹气法

吹气法需要气体或吹气装置,浓缩速度不快,不适用于容易氧化和蒸汽压高的待测组分。

（三）KD 浓缩器浓缩法

KD 浓缩器浓缩法主要采用减压蒸馏原理，浓缩过程中待测组分基本没有损失。

（四）真空旋转蒸发法

真空旋转蒸发法浓缩时间快，能确保待测组分完整，操作比较简单。在减压的环境下通过加温旋转的方式进行蒸馏浓缩。

第四章　食品理化指标的测定

第一节　干燥失重的测定

一、概述

干燥失重高低反映产品的含水量。水分过高会导致产品变质、霉变或者腐败，影响产品的品质和安全性。水分过低会导致产品变干、口感变差。食品中水分适中，有利于保存食品中的营养成分，避免食品发霉变坏。

二、测定方法

（一）适用范围

本方法适用于一水葡萄糖和无水葡萄糖的测定。

（二）基本原理

将需要检测的食品样品在干燥箱内烘干 4 h，用分析天平分别称量食品样品在烘干前和烘干后的质量，通过公式计算，求得食品样品的干燥失重。

(三)仪器设备

(1)分析天平。

(2)称量皿:金属(在测试条件下不发生化学反应)或玻璃制品,直径为50 mm,并带有密封盖。

(3)电热真空干燥箱:温度能恒定在100±1 ℃,并配有校正过的温度计及一个绝对压力表。干燥箱内应加热均匀,且真空泵关闭后数小时内仍保持一定真空度,干燥箱内的架子应利于热量向托盘传递。

(4)真空泵:可将干燥箱内压力降低至13 500 Pa或更低。

(5)干燥系统:由装满干硅胶的干燥塔和一组装有浓硫酸的气体洗涤器相连组成,并依次连接到电热真空干燥箱的空气入口处。

(6)干燥器:底部装满硅胶或其他干燥剂,中部放置一个厚的多孔板。

(四)操作过程

1. 样品预处理

在样品容器内将样品充分混匀。如果样品容器太小,应将样品全部转移至容积适当的预干燥容器内,以便混匀。

2. 称量皿的准备

将称量皿的密封盖打开,将皿和盖分别放置于电热真空干燥箱内,温度设置为100 ℃,干燥1 h。然后拿出放入干燥器中,自然冷却,待温度接近室温时,用分析天平称量。最小精度保留至0.0002 g。

3. 称样

称取大约10 g无水葡萄糖或5 g一水葡萄糖,置于称量皿中,盖好盖,精确至0.0002 g。

4. 测定

将装有样品、盖好盖的称量皿置于干燥箱内,移开盖,在100±1 ℃下烘干4 h,压力不超过13 500 Pa。在干燥过程中,通过干燥系统缓慢地向干燥箱内注入气体。

4 h后,关闭真空泵,使空气缓慢通过干燥系统进入干燥箱内,直到干燥箱的压力恢复至常压。取出称量皿前盖好盖,放入干燥器内,冷却至室温,称量,精确至 0 ~ 0.0002 g。不要同时在干燥器内放置四个以上的称量皿。

应进行平行实验。

注:如果在实验的过程中或实验后,原料的颜色明显变为黄色,应在相对较低的温度下重复实验,并在报告中说明。

(五)结果计算

干燥失重为样品干燥损失的重量除以干燥前样品的质量,公式为

$$X=(m_1-m_2)/(m_1-m_0) \times 100$$

式中,X——葡萄糖干燥失重,%;

m_1——干燥前称量皿、称量皿密封盖、待测食品样品的总质量,g;

m_2——干燥后称量皿、称量皿密封盖、待测食品样品的总质量,g;

m_0——干燥后称量皿、称量皿密封盖的总质量,g;

100——换算系数。

用两次平行测得的实验结果平均值报结果。

(六)实验报告

实验报告应列出实验方法、实验得到的结果、进行重复性实验得到的两种实验结果。

原始记录备注栏中应说明实验操作过程中可能对结果数据有影响的环节。

实验报告应包括完全测试试样必需的所有信息。

第二节 灼烧残渣的测定

一、概述

灼烧残渣可用于检查食品添加剂产品中的各种无机杂质,在灼烧残渣的前处理过程中,需要先把样品在电炉上加热灼烧至完全炭化,

再加硫酸缓缓灼烧至硫酸烟雾完全除尽。炭化的目的:防止样品飞扬——灼烧时温度高,样品中水分会急剧蒸发;保证样品不溢出——食品样品中有碳水化合物、蛋白质等,这些物质在高温下容易膨胀,进而会在灼烧过程中溢出;保证灰化更彻底——直接灰化会导致有些被包裹的碳粒未灰化彻底。加硫酸的目的:充分炭化——使杂质转化为稳定的硫酸盐以利于计算;浓硫酸具有氧化性,高温下能把碳氧化成二氧化碳。

二、测定方法

（一）适用范围

本方法适用于食品添加剂产品灼烧残渣的测定。

（二）基本原理

利用食品样品主体与形成残渣的物质之间在挥发性,对热、对氧的稳定性等物理、化学性质方面的差异进行测定。先将食品样品在低温慢慢加热,加热至没有烟冒出来即可停止,再用高温炉灼烧至恒重,用分析天平称量样品及残渣的质量,得出灼烧残渣的质量分数。

（三）试剂

（1）硫酸(GB/T 625)。
（2）盐酸溶液(1+1)。

（四）仪器

除实验室常规仪器外,还包括下列仪器设备。
（1）坩埚:铂坩埚、石英坩埚或陶瓷坩埚。
（2）高温炉:温度可控制在 550～1200 ℃,550～800 ℃;温度可控制在 550±25 ℃;温度可控制在 800±25 ℃,800±1200 ℃;温度可控制在 800±50 ℃,1200±50 ℃。
（3）分析天平:分度值为 0.1 mg。
（4）干燥器:底部装满硅胶或其他干燥剂,中部放置一个厚的多孔板。

（五）测定步骤

1. 坩埚预处理及注意事项

用盐酸溶液将瓷坩埚浸泡 24 h 或煮沸 0.5 h；将石英坩埚、铂坩埚浸泡 2 h，洗净，烘干。

挥发或炭化样品时，如果样品量大，可分几次加入，向液体样品中加入硫酸，应在挥发或炭化之前一次加完，样品若为有机物，应避免燃烧。

先加硫酸会给样品的挥发、炭化操作造成困难，因此，也可在主体挥发、炭化之后加入硫酸。

2. 灼烧温度的选择

根据样品的特性，选择合适的灼烧温度。

3. 空坩埚的恒重

将空坩埚置入高温炉中，在 550～1200 ℃ 温度下灼烧，具体试验温度和灼烧时间根据样品的性状和坩埚的材料而定。灼烧完后，取出坩埚自然冷却 3 min，再放置于干燥器中进一步冷却，待坩埚温度到室温时，用分析天平称量，最小精度到 0.0001 g。坩埚应达到恒重，两次称量结果的差应不大于 0.0002 g。

4. 固体样品

取适当量（灼烧残渣大于 1 mg）的样品，置于 550～1200 ℃ 恒重的坩埚或蒸发皿中，在电炉上慢慢加热，加热至没有烟冒出来即可停止。冷却后用移液管加入 0.5 mL H_2SO_4，再加热至没有 H_2SO_4 蒸汽出来，转入高温炉中进行灼烧，灼烧至两次称量结果的差不大于 0.0002 g。

5. 液体样品

取适当量（灼烧残渣大于 1 mg）的样品，置于 550～1200 ℃ 的恒重的、规定的坩埚或蒸发皿中，加入 0.25 mL 硫酸，在水浴或电炉上加热（勿使沸腾），直至样品完全炭化。在电炉上继续加热至硫酸蒸汽逸尽，在 550±1200 ℃ 的高温炉中灼烧至恒量（恒重步骤同空坩埚或蒸发皿的恒重）。

6. 不必或不能加硫酸的样品

取规定量的样品,置于已在550～1200 ℃恒量的、规定的坩埚或蒸发皿中,缓慢加热,直至样品完全挥发或炭化。在550～1200 ℃的高温炉中灼烧至恒量(恒重步骤同空坩埚或蒸发皿的恒重)。

（六）结果计算

灼烧残渣的质量分数 X,数值以百分数表示,计算式为

$$X_1 = (m_2 - m_1)/m \times 100$$
$$X_2 = (m_2 - m_1)/(\rho \cdot V) \times 100$$

式中,X_1、X_2——固体试样或液体试样的质量分数,%;

m_2——空坩埚和残渣的总质量,g;

m_1——空坩埚的质量,g;

m——待测固体试样或液体试样的质量,g;

ρ——待测液体样品的密度,按照 GB/T 4472 测定,g/mL;

V——液体样品的体积,mL;

100——换算系数。

用两次平行测得的实验结果平均值报结果。

（七）允许差

允许差以两次平行食品样品测定的绝对差值进行评定,分为两个数据范围:当固体试样或液体试样的质量分数不小于0.01%时,绝对差值不大于0.001;当固体试样或液体试样的质量分数小于0.01%时,绝对差值小于0.0005。

第三节　水分的测定

一、概述

食品中含有一定量的水分能够保持食品品质,延长食品保藏期。不同食品中的水分含量标准不同,如果水分含量过低或者过高都不利于食

品的保存或者食用。比如奶粉水分过高会导致结块,营养价值降低。

每一种食品都有自身的含水率要求,在要求范围之外会对食品口味、营养、保存等造成负面影响。比如香肠的含水量直接关系到其口味。

二、直接干燥法

(一)适用范围

本方法适用于 103 ± 2 ℃ 干燥条件下,水质产品、谷物、大豆制品、谷物制品、各类蔬菜、肉类制品、卤菜制品、淀粉类食品、茶叶类食品中水分的测定,以及含水量不小于 0.5% 且低于 18% 的粮食、水分含量不小于 0.5% 且低于 13% 的油料中水分的测定。

(二)基本原理

通过依据食品样品中水分可挥发的物理性质,将待测样品置于电热恒温干燥箱内,干燥烘干适当时间,温度设置为 103 ± 2 ℃,压力为 101.325 kPa。通过称量样品烘干前后的质量,计算出含水量。

(三)试剂和材料

本方法所用的试剂为分析纯,配置试剂所用的水为三级实验用水,试剂若有其他的要求,会在试剂后备注。

1. 试剂

(1)氢氧化钠(NaOH)。
(2)盐酸(HCl)。
(3)海砂。

2. 试剂配制

(1)HCl 溶液:用量筒量取 HCl 溶液 50 mL,再加入 50 mL 实验用水,共 100 mL,得到 6 mol/L 的 HCl 溶液。

(2)NaOH 溶液:将 24 g NaOH 用三级实验用水溶解,并定容到 100 mL,得到 6 mol/L 的 NaOH 溶液。

(3)海砂:先用实验用水将海砂的泥土洗干净。然后用适量的

6 mol/L 的 HCl 溶液蒸煮,大约 0.5 h 后,随即用实验用水清洗至中性。再用 6 mol/L 的 NaOH 溶液蒸煮,大约 0.5 h 后,随即用实验用水清洗至中性。最后将海砂经电热恒温干燥箱 105 ℃ 干燥后备用。

(四)仪器和设备

(1)扁形铝制或玻璃制称量瓶。
(2)电热恒温干燥箱。
(3)干燥器:内附有效干燥剂。
(4)天平:感量为 0.1 mg。

(五)分析步骤

1. 固态试样

(1)将空的扁形铝制或玻璃制称量瓶打开,再将瓶体与瓶盖分别放入电热恒温干燥箱内,温度设置范围为 103 ± 2 ℃,加热 1 h,加热结束后,将扁形铝制或玻璃制称量瓶体和瓶盖置于干燥器内干燥 0.5 h,再用分析天平称量,应达到恒重,两次称量结果的差应不大于 2 mg。

(2)将固态试样磨细过筛,至粒径不超过 2 mm,对难以研磨的试样切碎。称取处理完的固态试样 2 ~ 10 g,最小精度至 0.0001 g,放入上述恒重的称量瓶中,厚度在 5 mm 以内,对于松散试样而言,最大不超过 10 mm。盖上瓶盖,用分析天平称量。随即再将瓶体与瓶盖分别放入电热恒温干燥箱内,温度设置范围为 103 ± 2 ℃,加热 2 ~ 4 h,加热结束后,取出称量瓶及其瓶盖,随即盖好称量瓶放入干燥器内,干燥 0.5 h 后,用分析天平称量。称完后再将瓶体与瓶盖放入电热恒温干燥箱内,温度设置范围为 103 ± 2 ℃,加热 1 h,加热结束后,取出称量瓶及其瓶盖,随即盖好称量瓶置于干燥器内干燥 0.5 h,再用分析天平称量,应达到恒重,两次称量结果的差应不大于 2 mg。

2. 半固态或液态试样

(1)将空的扁形铝制或玻璃制称量瓶打开,加入海砂 10 g 及一根短玻璃棒,再将内含海砂及短玻璃棒的瓶体和瓶盖分别放入电热恒温干燥箱内,温度设置范围为 103 ± 2 ℃,加热 1 h,加热结束后,将扁形铝制或玻璃制称量瓶体和瓶盖置于干燥器内干燥 0.5 h,再用分析天平称量,应达到恒重,两次称量结果的差应不大于 2 mg。

(2)称取半固态试样或液态试样 5~10 g,最小精度至 0.0001 g,放入上述恒重的称量瓶中,放在沸水浴上蒸干,蒸干的同时用短玻璃棒搅拌均匀,蒸干后擦去称量瓶底水分。随即再将瓶体与瓶盖分别放入电热恒温干燥箱内,温度设置范围为 103±2 ℃,加热 4 h,加热结束后,取出称量瓶及其瓶盖,放入干燥器内,干燥 0.5 h 后,用分析天平称量。称完后再将瓶体与瓶盖放入电热恒温干燥箱内,温度设置范围为 103±2 ℃,加热 1 h,加热结束后,取出称量瓶及其瓶盖,随即盖好称量瓶置于干燥器内干燥 0.5 h,再用分析天平称量,应达到恒重,两次称量结果的差应不大于 2 mg。

注:海砂的加入量根据实验需要可以适当调整。

(六)分析结果的表述

试样中的水分含量计算式为

$$X = (m_1 - m_2) / (m_1 - m_3) \times 100$$

式中,X——食品样品中的水分含量,g/100 g;

m_1——干燥前称量瓶体、称量瓶盖及试样的总质量或干燥前内加海砂及玻璃棒的称量瓶体、称量瓶盖及试样的总质量,g;

m_2——干燥后称量瓶体、称量瓶盖及试样的总质量或干燥后内加海砂及玻璃棒的称量瓶体、称量瓶盖及试样的总质量,g;

m_3——干燥后称量瓶体、称量瓶盖的质量或内加海砂及玻璃棒的称量瓶体、称量瓶盖的质量,g;

100——换算系数。

注:两次恒重值取质量较小的一次称量值参与计算。

计算结果有效数字保留位数与食品样品水分含量的大小有关,分为两种情形,当食品样品水分含量不小于 1 g/100 g 时,保留 3 位;当食品样品水分含量小于 1 g/100 g 时,保留 2 位。

(七)精密度

同样的条件下,按照同样的操作步骤将混合均匀的样品进行两次测定,计算出两次结果的平均值。再将两次中的一次测定结果减去另一次的测定结果,得出的数据不应该超过平均值的 10%。

三、减压干燥法

(一)适用范围

本方法适用于温度较高下易分解或水分含量较大两种情形下食品样品含水量的分析测定。

(二)基本原理

通过依据食品样品中水分可挥发的物理性质,将待测样品置于真空干燥箱内,干燥烘干适当时间,温度设置范围为 60 ± 5 ℃,压力为 $40 \sim 53$ kPa。通过称量样品烘干前后的质量,计算出含水量。

(三)仪器和设备

(1)扁形铝制或玻璃制称量瓶。
(2)真空干燥箱。
(3)干燥器:内附有效干燥剂。
(4)天平:感量为 0.1 mg。

(四)分析步骤

(1)试样制备。试样制备分为两种情形:若食品样品呈粉末状或结晶状,无须进一步制备,直接使用;若食品样品呈块状,需先粉碎,方能使用。

(2)将无须制备或制备好的食品样品,用分析天平称取 6 ± 4 g,最小精度至 0.0001 g,放入已恒重的扁形铝制或玻璃制称量瓶中,随即将扁形铝制或玻璃制称量瓶瓶体与及其瓶盖均放入真空干燥箱内,打开真空泵,抽至箱体内压力在 $40 \sim 53$ kPa,抽真空的同时进行加热,加热温度至 60 ± 5 ℃,随即关闭真空泵。在上述的压力和温度范围内加热 4 h,加热结束后,打开真空泵,使真空干燥箱内的压力恢复正常,再取出称量瓶及其瓶盖,放入干燥器内,干燥 0.5 h 后,用分析天平称量,直至恒重。两次重复干燥后称量的质量差不大于 2 mg,就可算为恒重。

（五）分析结果的表述

试样中水分含量的计算式为

$$X=(m_1-m_2)/(m_1-m_3) \times 100$$

式中，X——食品样品中的水分含量，g/100 g；

　　m_1——干燥前称量瓶体、称量瓶盖及试样的总质量或干燥前内加海砂及玻璃棒的称量瓶体、称量瓶盖及试样的总质量，g；

　　m_2——干燥后称量瓶体、称量瓶盖及试样的总质量或干燥后内加海砂及玻璃棒的称量瓶体、称量瓶盖及试样的总质量，g；

　　m_3——干燥后称量瓶体、称量瓶盖的质量或内加海砂及玻璃棒的称量瓶体、称量瓶盖的质量，g；

　　100——换算系数。

注：两次恒重值取质量较小的一次称量值参与计算。

计算结果有效数字保留位数与食品样品水分含量的大小有关，分为两种情形，当食品样品水分含量不小于 1 g/100 g 时，保留 3 位；当食品样品水分含量小于 1 g/100 g 时，保留 2 位。

（六）精密度

同样的条件下，按照同样的操作步骤将混合均匀的样品进行两次测定，计算出两次结果的平均值。再将两次中的一次测定结果减去另一次的测定结果，得出的数据不应超过平均值的 10%。

四、蒸馏法

（一）适用范围

本方法适用样品的范围有：挥发性组分多且水分含量多的食品样品含水量的测定，比如香辛料。

（二）基本原理

依据食品样品中水分可挥发的物理性质，将待测样品置于水分测定器内，再添加甲苯（C_7H_8）或二甲苯（C_8H_{10}）溶液，将水分和甲苯（C_7H_8）或二甲苯（C_8H_{10}）同步蒸馏出来，通过水分接受器计算水的体积，进而计算出食品样品的含水量。

（三）试剂和材料

本方法所用的试剂为分析纯，配置试剂所用的水为三级实验用水，试剂若有其他的要求，会在试剂后备注。

1. 试剂

甲苯（C_7H_8）或二甲苯（C_8H_{10}）。

2. 试剂配制

C_7H_8 或 C_8H_{10} 的制备方法：取 C_7H_8 或 C_8H_{10} 适量，先用水饱和，将水层去掉，再进行蒸馏，将馏出液收集储存好，留以备用。

（四）仪器和设备

（1）水分测定器，如图 4-1 所示。

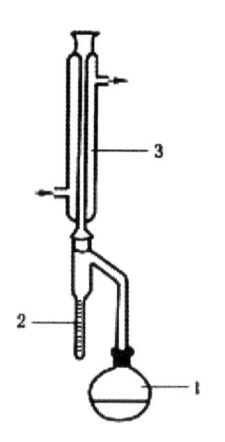

1—250 mL 蒸馏瓶；2—水分接收管；3—冷凝管。

图 4-1 水分测定器（带可调电热套）

（2）天平：感量为 0.1 mg。

（五）分析步骤

先后向蒸馏瓶中加入试样和甲苯（或二甲苯），其中试样的量应该能使最终蒸馏出的水体积为 2～5 mL，甲苯（或二甲苯）加入体积为 75 mL。

随后在蒸馏瓶上依次连接水分接收管(容量 5 mL)和冷凝管,形成水分测定器。再从水分测定器顶端加入甲苯,到水分接收器满刻度处为止。同时用甲苯(或二甲苯)做试剂空白。

用电热套加热蒸馏瓶,加热开始控制在馏出液为每秒 2 滴状态,待试样中的水分大部分蒸出后,加热可控制在馏出液为每秒 4 滴状态。当试样中的水分蒸馏完全后,从水分测定器顶端加入甲苯洗涤。当水分测定器冷凝管内干净后,同时水分测定器水分接收管平面长时间不变,一般为 10 min,这种情况下可以判断为达到蒸馏终点,同步记录下水分测定器水分接收管中水层的容积。

(六)分析结果的表述

试样中水分含量的计算式为

$$X = (V-V_0)/m \times 100$$

式中,X——食品样品中的水分含量,可按照水的相对密度(20 ℃时相对密度为 0.998,20 g/mL)计算质量,mL/100 g 或 g/100 g;

V——接收管内水的体积,mL;

V_0——试剂空白蒸馏时水分接收管内水分的体积,mL;

m——试样的质量,g;

100——换算系数。

用两次平行测得的实验结果平均值报结果,保留 3 位有效数字。

(七)精密度

同样的条件下,按照同样的操作步骤将混合均匀的样品进行两次测定,计算两次结果的平均值。再将两次中的一次测定结果减去另一次的测定结果,得出的数据不应超过平均值的 10%。

五、卡尔·费休容量法

(一)适用范围

本方法适用于水分含量低的食品样品的检测。

（二）基本原理

通过吡啶、水、甲醇、二氧化硫和碘发生化学反应来测定水分含量。该化学反应碘和水消耗的摩尔数一样，均为 1 mol。化学反应公式为

$$C_5H_5N \cdot I_2 + C_5H_5N \cdot SO_2 + C_5H_5N + H_2O + CH_3OH \longrightarrow 2C_5H_5N \cdot HI + C_5H_6N[SO_4CH_3]$$

卡尔·费休容量法用碘作为化学反应滴定剂，该滴定剂的浓度是明确的，而碘与水消耗的摩尔数是一致的，通过滴定剂的消耗体积就可以计算出碘的消耗量，进而计算出被测食品样品中的含水量。

（三）试剂和材料

（1）卡尔·费休试剂。

（2）无水甲醇（CH_4O）：优级纯。

（四）仪器和设备

（1）卡尔·费休水分测定仪。

（2）天平：感量为 0.1 mg。

（五）分析步骤

1. 卡尔·费休试剂的标定（容量法）

将适量体积的甲醇加入反应瓶中，甲醇能够将比电极浸没，用玻璃棒搅拌，边搅拌边加卡尔·费休试剂，直至终点。再加入 10 mg 的实验用水，最小精度至 0.0001 g，继续滴定，到终点时记录下滴定剂卡尔·费休试剂的使用量（V）。滴定剂（卡尔·费休试剂）的滴定度计算公式为

$$T = m/V$$

式中，T——滴定剂（卡尔·费休试剂）的滴定度，mg/mL；

m——水的质量，mg；

V——滴定 10 mL 实验用水消耗的滴定剂的用量，mL。

2. 试样前处理

固态食品样品采用粉碎机粉碎，混合均匀。难粉碎的食品样品需尽可能均匀切碎。

3. 试样中水分的测定

将适当体积的甲醇(CH_4O)加入反应瓶,甲醇(CH_4O)需将铂电极浸没,用玻璃棒搅拌,边搅拌边加入卡尔·费休试剂,直至终点。再快速加入待测食品样品,对于难溶解的待测食品样品,可通过适当加热或添加辅助剂促进溶解。再用滴定剂滴定到终点,对于难平衡且漂移的食品样品试样,计算时减除漂移量。

4. 漂移量的测定

将溶剂加入反应瓶中,溶剂与试样水分测定过程的加入量是一致的,用滴定剂(卡尔·费休试剂)进行滴定,直至终点。将反应瓶放置 10 min 以上,再用滴定剂(卡尔·费休试剂)进行滴定,直至终点。计算单位时间内两次所消耗滴定剂(卡尔·费休试剂)滴定的体积的变化,就是漂移量(D)。

(六)分析结果的表述

水分含量的计算公式根据试样的形态分为两种:一种为固态试样,另一种为液态试样。两种计算公式为

$$X = (V_1 - D \times t) \times T/m \times 100$$
$$X = (V_1 - D \times t) \times T/(V_2 \times \rho) \times 100$$

式中,X——食品样品中的水分含量,g/100 g;

V_1——滴定食品样品时消耗的滴定剂的体积,mL;

D——漂移量,mL/min;

t——滴定时所消耗的时间,min;

T——滴定剂的滴定度,g/mL;

m——样品质量,g;

100——单位换算系数;

V_2——液体样品体积,mL;

ρ——液体样品的密度,g/mL。

计算结果有效数字保留位数与食品样品水分含量的大小有关,分为两种情形,当食品样品水分含量不小于 1 g/100 g 时,保留 3 位;当食品样品水分含量小于 1 g/100 g 时,保留 2 位。

（七）精密度

同样的条件下，按照同样的操作步骤将混合均匀的样品进行两次测定，计算两次结果的平均值。再将两次中的一次测定结果减去另一次的测定结果，计算出的数据不应超过平均值的10%。

第四节　灰分的测定

一、概述

食品样品灰分测定具有重要的作用：①可用来判断食品质量；②判断食物是否掺杂造假；③评价食物是否卫生，是否存在污染。例如，测定食品样品中的灰分含量可以判断牛奶是否掺水，可以判断原料中是否含有杂质。

二、总灰分的测定方法

（一）适用范围

本方法适用于食品样品中总灰分的分析。

（二）基本原理

将食品样品进行高温灼烧，灼烧剩余的无机物为灰分，通过称重、计算得出灰分含量。

（三）试剂和材料

本方法所用的试剂为分析纯，配置试剂所用的水为三级实验用水，试剂若有其他的要求，会在试剂后备注。

1. 试剂

(1)乙酸镁。

(2)浓盐酸(HCl)。

2. 试剂配制

试剂配制方法详见表4-1所列。

表4-1 试剂配制方法一览表

序号	所配试剂名称	所需试剂 名称	所需试剂 用量	配制过程
1	乙酸镁溶液 (80 g/L)	乙酸镁	8.0 g	用分析天平称取乙酸镁,加入少量三级实验水将乙酸镁溶解,溶解后转入100 mL容量瓶中,用三级实验水进行定容
		三级实验水	—	
2	乙酸镁溶液 (240 g/L)	乙酸镁	24.0 g	用分析天平称取乙酸镁,加入少量三级实验水将乙酸镁溶解,溶解后转入100 mL容量瓶中,用三级实验水进行定容
		三级实验水	—	
3	10%盐酸溶液	HCl	24 mL	量取分析纯浓盐酸加入容量瓶(规格为100 mL)中,再用蒸馏水定容
		蒸馏水	—	

(四)仪器和设备

(1)高温炉:最高使用温度≥950 ℃。

(2)分析天平。

(3)石英坩埚或瓷坩埚。

(4)干燥器(内有干燥剂)。

(5)电热板。

(6)恒温水浴锅:控温精度±2 ℃。

(五)分析步骤

1. 坩埚预处理

(1)含磷量较高的食品和其他食品

将坩埚进行高温灼烧,灼烧温度为525～575 ℃,灼烧时间为0.5 h,

灼烧结束后,稍加冷却,放置干燥器中,0.5 h后用分析天平进行称重,直至恒重,恒重的标准为两次称重差为 ±0.5 mg。

(2)淀粉类食品

将坩埚进行高温灼烧,灼烧温度为875～925 ℃,灼烧时间为0.5 h,灼烧结束后,稍加冷却,放置干燥器中,温度达到室温时用分析天平进行称重。

注:坩埚在高温灼烧前应依次用HCl、自来水及三级实验水清洗。

2. 称样

含磷量较高的食品和其他食品:分两种情形,对灰分含量较大(≥10 g/100 g)的食品样品称取2.5±0.5 g;对灰分含量较小(<10 g/100 g)的食品样品称取6.5±3.5 g。

淀粉类食品:一般称取食品样品的重量为6±4 g。有两种情形需要注意,马铃薯、小麦和大米制作的淀粉需要称量5 g以上;玉米和木薯制作的淀粉需要称量10 g。

3. 测定

1)含磷量较高的食品

(1)将食品样品称量好后,加入乙酸镁溶液(浓度为240 g/L加入1 mL,浓度为80 g/L加入3 mL)将食品样品湿透。

(2)将食品样品静置10 min后,在水浴锅上将食品样品中的水分蒸彻底,随后在电热板上慢慢加热,待没有烟冒出为止。

(3)将食品样品转入高温炉中灼烧,灼烧温度为525～575 ℃,灼烧时间为4 h。稍加冷却,放置干燥器中,0.5 h后用分析天平进行称重,直至恒重,恒重的标准为两次称重差为 ±0.5 mg。

(4)同步做3份试剂空白,取平均值为空白值。

注1:高温灼烧后还有炭粒时,加入少量三级实验水继续灼烧,直至没有炭粒。

注2:3份试剂空白相对偏差应为 ±0.003 g。

2)淀粉类食品

(1)将食品样品放在电热板上慢慢加热,待没有烟冒出为止。

(2)将食品样品转入高温炉中灼烧,灼烧温度为775～925 ℃,灼烧时间为1 h。稍加冷却,放置干燥器中,0.5 h后用分析天平进行称重,直至恒重,恒重的标准为两次称重差为 ±0.5 mg。

注:高温灼烧后还有炭粒时,加入少量三级实验水继续灼烧,直至没有炭粒。

3)其他食品

(1)在水浴锅上将食品样品中的水分蒸彻底,随后在电热板上慢慢加热,待没有烟冒出为止。

(2)将食品样品转入高温炉中灼烧,灼烧温度为 525～575 ℃,灼烧时间为 4 h。稍加冷却,放置干燥器中,0.5 h 后用分析天平进行称重,直至恒重,恒重的标准为两次称重差为 ±0.5 mg。

注:高温灼烧后还有炭粒时,加入少量三级实验水继续灼烧,直至没有炭粒。

(六)分析结果的表述

1. 食品样品中灰分含量以试样质量计

(1)食品样品中添加乙酸镁溶液(浓度为 240 g/L 加入 1 mL,浓度为 80 g/L 加入 3 mL),计算式为

$$X_1 = (m_1 - m_2 - m_0)/(m_3 - m_2) \times 100$$

式中,X_1——加了乙酸镁溶液(浓度为 240 g/L 加入 1 mL,浓度为 80 g/L 加入 3 mL)的食品样品中灰分的含量,g/100 g;

m_1——坩埚和灰分的质量,g;

m_2——坩埚的质量,g;

m_0——氧化镁的质量,g;

m_3——坩埚和试样的质量,g;

100——单位换算系数。

(2)食品样品中没有添加乙酸镁溶液(浓度为 240 g/L 加入 1 mL,浓度为 80 g/L 加入 3 mL),计算式为

$$X_2 = (m_1 - m_2)/(m_3 - m_2) \times 100$$

式中,X_2——未加乙酸镁溶液(浓度为 240 g/L 加入 1 mL,浓度为 80 g/L 加入 3 mL)的食品样品中灰分的含量,g/100 g;

m_1——坩埚和灰分的质量,g;

m_2——坩埚的质量,g;

m_3——坩埚和试样的质量，g；

100——单位换算系数。

2. 以干物质计

（1）食品样品中添加乙酸镁溶液（浓度为 240 g/L 加入 1 mL，浓度为 80 g/L 加入 3 mL），计算式为

$$X_1 = (m_1 - m_2 - m_0)/[(m_3 - m_2) \times \omega] \times 100$$

式中，X_1——加了乙酸镁溶液（浓度为 240 g/L 加入 1 mL，浓度为 80 g/L 加入 3 mL）的食品样品中灰分的含量，g/100 g；

m_1——坩埚和灰分的质量，g；

m_2——坩埚的质量，g；

m_0——氧化镁的质量，g；

m_3——坩埚和试样的质量，g；

ω——试样干物质含量（质量分数），%；

100——单位换算系数。

（2）食品样品中没有添加乙酸镁溶液（浓度为 240 g/L 加入 1 mL，浓度为 80 g/L 加入 3 mL），按下计算式为：

$$X_2 = (m_1 - m_2)/[(m_3 - m_2) \times \omega] \times 100$$

式中，X_2——未加乙酸镁溶液（浓度为 240 g/L 加入 1 mL，浓度为 80 g/L 加入 3 mL）的食品样品中灰分的含量，g/100 g；

m_1——坩埚和灰分的质量，g；

m_2——坩埚的质量，g；

m_3——坩埚和试样的质量，g；

ω——试样干物质含量（质量分数），%；

100——单位换算系数。

上述公式中的氧化镁为乙酸镁灼烧后的生成物。

计算结果有效数字保留位数分为两种情形，与食品样品中灰分含量的大小有关，当食品样品中灰分含量不小于 10 g/100 g 时，保留 3 位有效数字；当食品样品中灰分含量小于 10 g/100 g 时，保留 3 位有效数字。

（七）精密度

在同样的条件下，按照同样的操作步骤将混合均匀的样品进行两次测定，计算出两次结果的平均值。再将两次中的一次测定结果减去另一

次的测定结果,计算出的数据不应超过平均值的 5%。

三、水溶性灰分和水不溶性灰分的测定

(一)适用范围

本方法适用于食品中水溶性灰分和水不溶性灰分的测定。

(二)基本原理

用烧开的水将食品样品灼烧后的总灰分溶解,用无灰滤纸进行过滤,用三级实验水多次洗涤,并将洗涤水过滤。过滤后将滤纸高温灼烧至恒重,通过称量计算得到水不溶性灰分含量,再通过总灰分含量计算得到水溶性灰分的含量。

(三)试剂和材料

以下实验用水为国家用水标准中的三级水,特殊水的级别会单独说明。

(四)仪器和设备

(1)高温炉:最高温度 ≥ 950 ℃。
(2)分析天平。
(3)石英坩埚或瓷坩埚。
(4)干燥器(内有干燥剂)。
(5)无灰滤纸。
(6)漏斗。
(7)表面皿:直径 6 cm。
(8)烧杯(高型):容量 100 mL。
(9)恒温水浴锅:控温精度 ±2 ℃。

(五)分析步骤

1. 坩埚预处理

方法见本节"二、总灰分的测定方法(五)分析步骤 1. 坩埚预处理"。

2. 称样

方法见本节"二、总灰分的测定方法（五）分析步骤2.称样"。

3. 总灰分的制备

方法见本节"二、总灰分的测定方法（五）分析步骤3.测定"。

4. 测定

（1）将三级实验水烧沸腾，再用适量沸腾的热水溶解坩埚中的总灰分，转入烧杯中；用沸腾的热水少量多次洗涤坩埚，也转入烧杯中。

（2）在烧杯上盖好表面皿，慢慢加热沸腾。随即用无灰滤纸过滤，并用沸腾的热水少量多次洗涤烧杯，洗涤液也进行过滤，无灰滤纸的过滤液大约至150 mL。

（3）将滤纸放入坩埚中，在水浴锅上将食品样品中的水分蒸彻底。

（4）将食品样品转入高温炉中灼烧，灼烧温度为525～575 ℃，灼烧时间一般为1 h。稍加冷却，放置干燥器中，达到室温后用分析天平进行称重，直至恒重，恒重的标准为两次称重差为 ±0.5 mg。

（六）分析结果的表述

1. 以试样质量计

（1）水不溶性灰分含量的计算式为

$$X_1 = (m_1 - m_2)/(m_3 - m_2) \times 100$$

式中，X_1——食品样品中水不溶性灰分的含量，g/100 g；

m_1——坩埚和水不溶性灰分的质量，g；

m_2——坩埚的质量，g；

m_3——坩埚和试样的质量，g；

100——单位换算系数。

（2）水溶性灰分含量的计算式为

$$X_2 = (m_4 - m_5)/m_0 \times 100$$

式中，X_2——食品样品中水溶性灰分的质量，g/100 g；

m_0——试样的质量，g；

m_4——总灰分的质量，g；

m_5——水不溶性灰分的质量，g；

100——单位换算系数。

2. 以干物质计

（1）水不溶性灰分含量的计算式为
$$X_1 = (m_1-m_2)/[(m_3-m_2) \times \omega] \times 100$$
式中，X_1——食品样品中水不溶性灰分的含量，g/100 g；

m_1——坩埚和水不溶性灰分的质量，g；

m_2——坩埚的质量，g；

m_3——坩埚和试样的质量 g；

ω——试样干物质含量（质量分数），%；

100——单位换算系数。

（2）水溶性灰分含量的计算式为
$$X_2 = (m_4-m_5)/(m_0 \times \omega) \times 100$$
式中，X_2——食品样品中水溶性灰分的质量，g/100 g；

m_0——试样的质量，g；

m_4——总灰分的质量，g；

m_5——水不溶性灰分的质量，g；

ω——试样干物质含量（质量分数），%；

100——单位换算系数。

计算结果有效数字保留位数与食品样品中灰分含量的大小有关，分为两种情形，当食品样品中灰分含量不小于 10 g/100 g 时，保留 3 位有效数字；当食品样品中灰分含量小于 10 g/100 g 时，保留 2 位有效数字。

（七）精密度

在同样的条件下，按照同样的操作步骤将混合均匀的样品进行两次测定，计算出两次结果的平均值。再将两次中的一次测定结果减去另一次的测定结果，计算出的数据不应超过平均值的 5%。

四、酸不溶性灰分的测定

（一）适用范围

本方法适用于食品中酸不溶性灰分的测定。

（二）基本原理

用盐酸溶液处理总灰分,过滤、灼烧、称量残留物。

（三）试剂和材料

本方法所用的试剂为分析纯,配置试剂所用的水为三级实验用水,试剂若有其他的要求,会在试剂后备注。

1. 试剂

浓盐酸(HCl)。

2. 试剂配制

10% 盐酸溶液：将 24 mL 浓盐酸用三级实验水定容到 100 mL。

（四）仪器和设备

（1）高温炉：最高温度 ≥ 950 ℃。
（2）分析天平。
（3）石英坩埚或瓷坩埚。
（4）干燥器(内有干燥剂)。
（5）无灰滤纸。
（6）漏斗。
（7）表面皿：直径为 6 cm。
（8）烧杯(高型)：容量为 100 mL。
（9）恒温水浴锅：控温精度为 ±2 ℃。

（五）分析步骤

1. 坩埚预处理

方法见本节"二、总灰分的测定方法（五）分析步骤 1. 坩埚预处理"。

2. 称样

方法见本节"二、总灰分的测定方法（五）分析步骤 2. 称样"。

3. 总灰分的制备

方法见本节"二、总灰分的测定方法（五）分析步骤 3. 测定"。

4. 测定

（1）用10%盐酸溶液溶解坩埚中总灰分，转入烧杯中，用10% 25 mL盐酸溶液少量多次洗涤坩埚，也转入烧杯中。

（2）在烧杯上盖好表面皿，慢慢加热沸腾，烧杯中溶液变为无色透明时，再加热 5 min。随即用无灰滤纸过滤，并用沸腾的热水少量多次洗涤烧杯，洗涤液也进行过滤，无灰滤纸的过滤液大约至 150 mL。

（3）将滤纸放入坩埚中，在水浴锅上将食品样品中的水分蒸彻底。

（4）将食品样品转入高温炉中灼烧，灼烧温度为 525～575 ℃，灼烧时间一般为 1 h。稍加冷却，放置干燥器中，达到室温后用分析天平进行称重，直至恒重，恒重的标准为两次称重差不超过 0.5 mg。

（六）分析结果的表述

1. 以试样质量计

食品样品中酸不溶性灰分的含量计算式为

$$X_1 = (m_1 - m_2)/(m_3 - m_2) \times 100$$

式中，X_1——食品样品中酸不溶性灰分的含量，g/100 g；

m_1——坩埚和酸不溶性灰分的质量，g；

m_2——坩埚的质量，g；

m_3——坩埚和试样的质量，g；

100——单位换算系数。

2. 以干物质计

食品样品中酸不溶性灰分的含量计算式为

$$X_2 = (m_1 - m_2) / [(m_3 - m_2) \times \omega] \times 100$$

式中，X_1——食品样品中酸不溶性灰分的含量，g/100 g；

m_1——坩埚和酸不溶性灰分的质量，g；

m_2——坩埚的质量，g；

m_3——坩埚和试样的质量，g；

ω——试样干物质含量(质量分数)，%；

100——单位换算系数。

计算结果有效数字保留位数与食品样品中灰分含量的大小有关，分为两种情形，当食品样品中灰分含量不小于 10 g/100 g 时，保留 3 位有效数字；当食品样品中灰分含量小于 10 g/100 g 时，保留 2 位有效数字。

(七) 精密度

在同样的条件下，按照同样的操作步骤将混合均匀的样品进行两次测定，计算出两次测定结果的平均值。再将两次中的一次测定结果减去另一次的测定结果，计算出的数据不应超过平均值的 5%。

第五节 相对密度的测定

一、概述

液态食品的纯度和浓度与其相对密度相关，通过对相对密度的检测可以评价食品的品质。例如，可以直接从蔗糖溶液的相对密度中读出蔗糖的质量分数，也可以直接从酒精溶液的相对密度中读出乙醇的体积分数。

液态食物中的水分在干燥至恒重状态下被充分蒸发而得到的残余物质，称为固形物(干物)，其中包括盐类、有机酸、蛋白质等。液态食物的固形物含量与其相对密度成正比关系。

二、密度瓶法

（一）适用范围

密度瓶法适用于液体试样相对密度的测定。

（二）基本原理

在温度为 20 ℃的情形下,将同一精密密度瓶内先后装满三级实验水和食品样品,并用分析天平称好它们的质量。20 ℃三级实验水的密度是已知的,通过称好的质量可算出精密密度瓶的容积,该精密密度瓶的容积等于食品样品的容积。这样食品样品的质量和容积均能获取,再通过计算可以求出食品样品的密度。食品样品的密度除以三级实验水的密度即可得到食品样品的相对密度。

（三）仪器和设备

（1）密度瓶:精密密度瓶如图 4-2 所示。

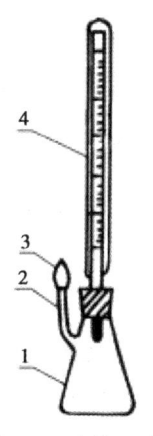

1—密度瓶;2—支管标线;3—支管上小帽;4—附温度计的瓶盖。

图 4-2　精密密度瓶

（2）恒温水浴锅。

（3）分析天平。

（四）分析步骤

（1）首先将精密密度瓶进行恒重处理,再将食品样品充满精密密度瓶。在水浴锅中浸泡 0.5 h,温度设置为 20 ℃,盖好盖子。

（2）用滤纸吸去密度瓶支管标线以上的食品样品,盖好支管上小帽后拿出来,同时擦干密度瓶外侧的水分,在天平分析室内放置 0.5 h,再用分析天平称量。

（3）将试样倒出,洗净密度瓶,装满三级实验水,在水浴锅中浸泡 0.5 h,温度设置为 20 ℃,盖好盖子。

（4）用滤纸吸去密度瓶支管标线以上的三级实验水,盖好支管上小帽后拿出来,同时擦干密度瓶外侧的水分,在天平分析室内放置 0.5 h,再用分析天平称量。

注：密度瓶内不应有气泡,天平室内温度保持 20 ℃恒温条件,否则不应使用此方法。

（五）分析结果的表述

试样在 20 ℃时的相对密度计算式为

$$d=(m_2-m_0)/(m_1-m_0)$$

式中,d——试样在 20 ℃时的相对密度；

m_0——密度瓶的质量,g；

m_1——密度瓶加水的质量,g；

m_2——密度瓶加液体试样的质量,g。

计算结果表示到称量天平的精度的有效数位（精确到 0.001）。

（六）精密度

在同样的条件下,按照同样的操作步骤将混合均匀的样品进行两次测定,计算出两次结果的平均值。再将两次中的一次测定结果减去另一次的测定结果,计算出的数据不应超过平均值的 5%。

三、天平法

（一）适用范围

天平法适用于液体试样相对密度的测定。

(二)基本原理

在温度为 20 ℃的情形下,将同一韦氏相对密度天平先后测定玻锤在三级实验水和食品样品中的浮力,玻锤所排开的三级实验水的体积与食品样品的体积是一样的,再测出玻锤在三级实验水和食品样品中的浮力,然后通过公式可以算出食品样品的密度。食品样品的密度除以三级实验水的密度得到食品样品的相对密度。

(三)仪器和设备

(1)韦氏相对密度天平,如图 4-3 所示。

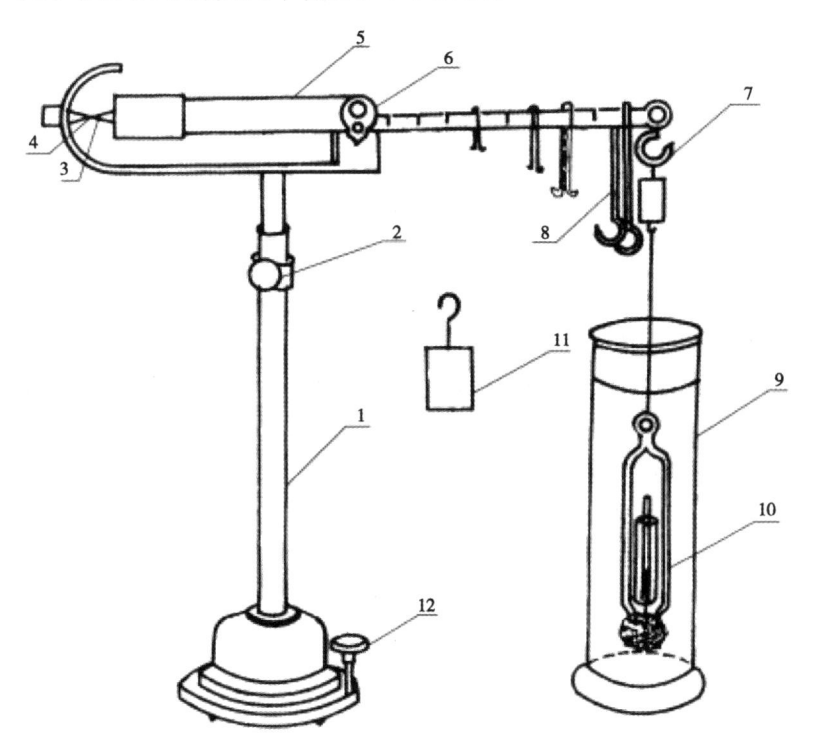

1—支架;2—升降调节旋钮;3、4—指针;5—横梁;6—刀口;7—挂钩;8—游码;
9—玻璃圆筒;10—玻锤;11—砝码;12—调零旋钮。

图 4-3 韦氏相对密度天平

(2)分析天平:感量 1 mg。

(3)恒温水浴锅。

(四)分析步骤

(1)将韦氏相对密度天平支架放在实验桌上,实验桌要平整,再将横梁放好,同时在挂钩上挂上砝码。

(2)调整韦氏相对密度天平的升降调节旋钮和调零旋钮,使两个指针吻合。

(3)再将挂钩上的砝码取下来,换上玻锤。

(4)在韦氏相对密度天平玻璃圆筒内加入三级实验水,至玻璃圆筒的 4/5 处,再将玻锤沉到玻璃圆筒内,结合玻锤内温度计将玻璃圆筒内三级实验水的水温调节到 20 ℃。

(5)再通过试放游码,使两个指针吻合,同步记录下此时的读数,记为 P_1。

(6)随后将玻锤取出来,用滤纸擦干。

(7)在韦氏相对密度天平玻璃圆筒内加入待测食品样品,至玻璃圆筒的 4/5 处,再将玻锤沉到玻璃圆筒内,结合玻锤内温度计将玻璃圆筒内待测食品样品的温度调节到 20 ℃。

(8)再通过试放游码,使两个指针吻合,同步记录下此时的读数,记为 P_2。

注:玻锤不能碰到玻璃圆筒的四周及底部。

(五)分析结果的表述

试样的相对密度计算式为

$$d = P_1/P_2$$

式中,d——食品样品的相对密度;

P_1——浮锤浸入水中时游码的读数,g;

P_2——浮锤浸入待测食品样品中时游码的读数,g。

计算结果精确到韦氏相对密度天平精度的有效数位(精确到 0.001)。

（六）精密度

在同样的条件下，按照同样的操作步骤将混合均匀的样品进行两次测定，计算出两次结果的平均值。再将两次中的一次测定结果减去另一次的测定结果，计算出的数据不应超过平均值的5%。

第五章 食品营养素的测定

第一节 蛋白质的测定

一、概述

蛋白质是生物体的重要组成物质之一,其组成单元为氨基酸。人类需要摄取适量的蛋白质以确保身体的营养,而人类摄取的蛋白质主要来自食物。对食品中蛋白质进行精准检测,能为人类获取营养物质提供参考。

二、凯氏定氮法

(一)适用范围

本方法适用于各类食品样品的检测。

当食品样品称样量为5 g时,食品样品中蛋白质的检出限为8 mg/100 g。

(二)基本原理

在催化剂和加热两种条件的加持下,食品样品中的蛋白质会分解,生成氨,氨会与H_2SO_4结合,生成硫酸铵。再在碱性条件下将其进行蒸馏,使硫酸铵中的氨释放出来,用H_3BO_3吸收,吸收后用H_2SO_4或HCl标准滴定溶液滴定。滴定结束后,根据消耗体积求出食品样品中的氮含量,氮含量与不同类样品的换算系数相乘,得到食品样品中蛋白质的含量。

（三）试剂和材料

1. 试剂

本方法所用的试剂为分析纯，配置试剂所用的水为三级实验用水，试剂若有其他的要求，会在试剂后备注。

（1）硫酸铜（$CuSO_4 \cdot 5H_2O$）。
（2）硫酸钾（K_2SO_4）。
（3）硫酸（H_2SO_4）。
（4）硼酸（H_3BO_3）。
（5）甲基红指示剂（$C_{15}H_{15}N_3O_2$）。
（6）溴甲酚绿指示剂。
（7）亚甲基蓝指示剂。
（8）氢氧化钠（NaOH）。
（9）95% 乙醇（C_2H_5OH）。

2. 试剂配制

试剂配制方法详见表 5-1 所列。

表 5-1　试剂配制方法一览表

序号	所配试剂名称	所需试剂 名称	所需试剂 用量	配制过程
1	亚甲基蓝乙醇溶液（1 g/L）	亚甲基蓝	0.1 g	用分析天平称取亚甲基蓝，加入少量95%乙醇将亚甲基蓝溶解，溶解后转入100 mL容量瓶中，用95%乙醇进行定容
1	亚甲基蓝乙醇溶液（1 g/L）	95% 乙醇	—	用分析天平称取亚甲基蓝，加入少量95%乙醇将亚甲基蓝溶解，溶解后转入100 mL容量瓶中，用95%乙醇进行定容
2	硼酸溶液（20 g/L）	硼酸	20 g	用分析天平称取硼酸，加入少量三级实验水将硼酸溶解，溶解后转入1000 mL容量瓶中，用三级实验水进行定容
2	硼酸溶液（20 g/L）	三级实验水	950 mL	用分析天平称取硼酸，加入少量三级实验水将硼酸溶解，溶解后转入1000 mL容量瓶中，用三级实验水进行定容

续表

序号	所配试剂名称	所需试剂名称	用量	配制过程
3	甲基红乙醇溶液（1 g/L）	甲基红	0.1 g	用分析天平称取甲基红，加入少量95%乙醇将甲基红溶解，溶解后转入100 mL容量瓶中，用95%乙醇进行定容
		95%乙醇	—	
4	NaOH溶液（400 g/L）	NaOH	40 g	用分析天平称取NaOH，加入少量三级实验水将NaOH溶解，溶解后转入100 mL容量瓶中，用三级实验水进行定容
		三级实验水	100 mL	
5	溴甲酚绿乙醇溶液（1 g/L）	溴甲酚绿	0.1 g	用分析天平称取溴甲酚绿，加入少量95%乙醇将溴甲酚绿溶解，溶解后转入100 mL容量瓶中，用95%乙醇进行定容
		95%乙醇	—	
6	H_2SO_4标准滴定溶液（0.0500 mol/L）或HCl标准滴定溶液（0.0500 mol/L）	—	—	—
7	A混合指示液	甲基红乙醇溶液（1 g/L）	2份	2份甲基红乙醇溶液与1份亚甲基蓝乙醇溶液临用时混合
		亚甲基蓝乙醇溶液（1 g/L）	1份	
8	B混合指示液	甲基红乙醇溶液（1 g/L）	1份	1份甲基红乙醇溶液与5份溴甲酚绿乙醇溶液临用时混合
		溴甲酚绿乙醇溶液（1 g/L）	5份	

（四）仪器和设备

（1）天平：感量为1 mg。

（2）定氮蒸馏装置：如图5-1所示。

（3）自动凯氏定氮仪。

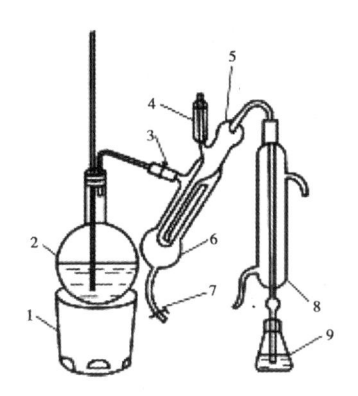

1—电炉；2—水蒸气发生器（2 L 烧瓶）；3—螺旋夹；4—小玻杯及棒状玻塞；
5—反应室；6—反应室外层；7—橡皮管及螺旋夹；8—冷凝管；9—蒸馏液接收瓶。

图 5-1　定氮蒸馏装置图

（五）分析步骤

1. 凯氏定氮法

（1）用分析天平称取食品样品，置于定氮瓶中。放置方式主要分为三种：在定氮瓶（规格为 100 mL）中添加 0.2～2 g 固态食品样品；在定氮瓶（规格为 250 mL）中添加 2～5 g 半固态食品样品；在定氮瓶（规格为 500 mL）中添加 10～25 g 液态食品样品。最小精度为 0.001 g。

（2）再依次添加 0.4 g $CuSO_4 \cdot 5H_2O$，6 g K_2SO_4 及 20 mL H_2SO_4，在定氮瓶口处放一个小漏斗。

（3）在电炉上方放石棉网，再将瓶口有小漏斗的定氮瓶倾斜 45° 放置于石棉网上，小火慢慢加热。

（4）待定氮瓶内泡沫不再产生时，调成大火，继续加热至定氮瓶内溶液颜色变为蓝绿色，并且澄清透明时，再继续加热 0.5～1 h 后停止加热。

（5）将定氮瓶取下来后进行冷却，冷却后再加入 20 mL 三级实验水，并转入规格为 100 mL 的容量瓶，用三级实验水少量多次清洗定氮瓶，每一次的洗液均转入容量瓶，随后用三级实验水进行定容。

（6）在实验平台上按照图 5-1 所示方式连接好定氮蒸馏装置，向水蒸气发生器（2 L 烧瓶）内加入 2/3 的三级实验水，加几粒玻璃珠。

（7）依次向水蒸气发生器（2 L烧瓶）内加入甲基红乙醇溶液（1 g/L）及 H_2SO_4 5 mL，保证水蒸气发生器（2 L烧瓶）内的三级实验水呈酸性，加热使三级实验水沸腾。

（8）在蒸馏液接收瓶中依次加入硼酸溶液（20 g/L）10 mL、A混合指示剂或B混合指示剂2滴，并让冷凝管的下端在蒸馏液接收瓶内液面之下。

（9）吸取（5）中的待测试样2～10 mL，通过小玻杯注入反应室内，随后用10 mL三级蒸馏水润洗并注入反应室内，随后将小玻杯塞紧。

（10）将小玻杯打开，加入NaOH溶液10 mL，注入反应室中，随即盖紧并水封。

（11）开始蒸馏，10 min后将蒸馏液接收瓶移动至冷凝管的下端离开蒸馏液接收瓶内液面，再蒸馏1 min。

（12）用少量三级实验水冲洗冷凝管下端外部，取下蒸馏液接收瓶。

（13）立即用 H_2SO_4 或HCl标准滴定溶液滴定至终点，如用A混合指示液，终点颜色为灰蓝色；如用B混合指示液，终点颜色为浅灰红色。

（14）同步做空白试验。

2. 自动凯氏定氮仪法

（1）用分析天平称取食品样品，置于消化管中。放置方式主要分为三种：在定氮瓶（规格为100 mL）中添加0.2～2 g固态食品样品；在定氮瓶（规格为250 mL）中添加2～5 g半固态食品样品；在定氮瓶（规格为500 mL）中添加10～25 g液态食品样品。最小精度为0.001 g。

（2）在消化管中依次添加0.4 g $CuSO_4 \cdot 5H_2O$，6 g K_2SO_4 及20 mL H_2SO_4，放入消化炉中消化。

（3）待消化炉温度达到420 ℃时，继续消化1 h，使溶液颜色变为蓝绿色，并且澄清透明。

（4）将消化管取出冷却，冷却后加入50 mL三级实验水。

（5）在自动凯氏定氮仪上测定。

（六）分析结果的表述

试样中蛋白质的含量计算式为

$$X = [(V_1 - V_2) \times c \times 0.0140]/(m \times V_3/100) \times F \times 100$$

式中，X——食品样品中蛋白质的含量，g/100 g；

V_1——试液所耗 H_2SO_4 或 HCl 标准滴定液的体积，mL；

V_2——试剂空白所耗 H_2SO_4 或 HCl 标准滴定液的体积，mL；

c——H_2SO_4 或 HCl 标准滴定溶液浓度，mol/L；

0.0140——1.0 mL 硫酸 $[c(1/2H_2SO_4) = 1.000$ mol/L$]$ 或盐酸 $[c(HCl) = 1.000$ mol/L$]$ 标准滴定溶液相当的氮的质量，g；

m——食品样品的质量，g；

V_3——吸取消化液的体积，mL；

F——氮换算为蛋白质的系数；

100——换算系数。

计算结果有效数字保留位数与食品样品蛋白质含量的大小有关，分为两种情形：当食品样品蛋白质含量不小于 1 g/100 g 时，保留 3 位有效数字；当食品样品蛋白质含量小于 1 g/100 g 时，保留 2 位有效数字。

注：当只检测氮含量时，不需要乘蛋白质换算系数 F。

（七）精密度

在同样的条件下，按照同样的操作步骤将混合均匀的样品进行两次测定，计算出两次结果的平均值。再将两次中的一次测定结果减去另一次的测定结果，计算出的数据不应超过平均值的 10%。

三、分光光度法

（一）适用范围

本方法适用于各类食品样品的检测。

当食品样品称样量为 5 g 时，食品样品中蛋白质的检出限为 0.1 mg/100 g。

（二）基本原理

在催化剂和加热两种条件的加持下，食品样品中的蛋白质会分解，生成氨，氨会与 H_2SO_4 结合，生成硫酸铵。再在酸性条件（pH 值为 4.8）下使其与乙酰丙酮和甲醛发生化学反应，得到黄色络合物。在波长 400 nm 下食品样品的氮含量与吸光度成正比，通过系列标准溶液测定得到校准曲线，通过测出食品样品的吸光度，得到食品样品的含氮量，氮含量与不同类样品的换算系数相乘，得到食品样品中蛋白质的含量。

（三）试剂和材料

1. 试剂

本方法所用的试剂为分析纯，配置试剂所用的水为三级实验用水，试剂若有其他的要求，会在试剂后备注。

（1）硫酸铜（$CuSO_4 \cdot 5H_2O$）。
（2）硫酸钾（K_2SO_4）。
（3）硫酸（H_2SO_4）：优级纯。
（4）氢氧化钠（NaOH）。
（5）对硝基苯酚（$C_6H_5NO_3$）。
（6）乙酸钠（$CH_3COONa \cdot 3H_2O$）。
（7）无水乙酸钠（CH_3COONa）。
（8）乙酸（CH_3COOH）：优级纯。
（9）37% 甲醛（HCHO）。
（10）乙酰丙酮（$C_5H_8O_2$）。

2. 试剂配制

试剂配制方法详见表 5-2 所列。

表 5-2 试剂配制方法一览表

序号	所配试剂名称	所需试剂名称	用量	配制过程
1	NaOH 溶液（300 g/L）	NaOH	30 g	用分析天平称取 NaOH，加入少量三级实验水将 NaOH 溶解，溶解后转入 100 mL 容量瓶中，用三级实验水进行定容
		三级实验水	—	
2	$C_6H_5NO_3$ 指示剂溶液（1 g/L）	$C_6H_5NO_3$ 指示剂	0.1 g	用分析天平称取 $C_6H_5NO_3$ 指示剂，加入 95% 乙醇将其溶解，溶解后转入 100 mL 容量瓶中，用三级实验水进行定容
		95% 乙醇	20 mL	
		三级实验水	—	
3	CH_3COOH 溶液（1 mol/L）	CH_3COOH	5.8 mL	量取 5.8 mL CH_3COOH，加三级实验水稀释至 100 mL
		三级实验水	—	
4	CH_3COONa 溶液（1 mol/L）	CH_3COONa	41 g	用分析天平称取 CH_3COONa 或 $CH_3COONa \cdot 3H_2O$，加入少量三级实验水将 CH_3COONa 或 $CH_3COONa \cdot 3H_2O$ 溶解，溶解后转入 500 mL 容量瓶中，用三级实验水进行定容
		$CH_3COONa \cdot 3H_2O$	68 g	
		三级实验水	—	
5	CH_3COONa-CH_3COOH 缓冲溶液	CH_3COONa 溶液（1 mol/L）	60 mL	量取 CH_3COONa 溶液与 CH_3COOH 溶液混合，该溶液 pH 值为 4.8
		CH_3COOH 溶液（1 mol/L）	40 mL	
6	显色剂	HCHO	15 mL	量取 HCHO、$C_5H_8O_2$，将其混合，加三级实验水稀释至 100 mL，剧烈振摇混匀（室温下放置稳定 3 d）
		$C_5H_8O_2$	7.8 mL	
		三级实验水	—	
7	NH_3-N 标准储备溶液（以氮计）（1.0 g/L）	$(NH_4)_2SO_4$	0.4720 g	用分析天平称取 $(NH_4)_2SO_4$（105 ℃干燥 2 h），加入少量三级实验水将 $(NH_4)_2SO_4$ 溶解，溶解后转入 100 mL 容量瓶中，用三级实验水进行定容。此溶液每 mL 相当于 1.0 mg 氮
		三级实验水	—	

续表

序号	所配试剂名称	所需试剂 名称	所需试剂 用量	配制过程
8	NH$_3$-N 标准使用溶液（0.1 g/L）	NH$_3$-N 标准储备溶液（以 N 计）（1.0 g/L）	10.00 mL	用移液管吸取 NH$_3$-N 标准储备液,转入 100 mL 容量瓶内,加三级实验水定容至刻度,混匀,此溶液每 mL 相当于 0.1 mg 氮
		三级实验水	—	

（四）仪器和设备

（1）分光光度计。

（2）电热恒温水浴锅：100 ± 0.5 ℃。

（3）10 mL 具塞玻璃比色管。

（4）天平：感量为 1 mg。

（五）分析步骤

1. 试样消解

（1）用分析天平称取食品样品,置于定氮瓶中。放置方式主要分为三种：在定氮瓶(规格为 100 mL 或 250 mL)中添加 0.1～0.5 g 固态食品样品；在定氮瓶(规格为 100 mL 或 250 mL)中添加 0.2～1 g/100 g 半固态食品样品；在定氮瓶(规格为 100 mL 或 250 mL)中添加 1～5 g/100 g 液态食品样品。最小精度为 0.001 g/100 g。

（2）在定氮瓶中依次添加 0.1 g/100 g CuSO$_4$·5H$_2$O,1 g/100 g K$_2$SO$_4$ 及 5 mL H$_2$SO$_4$,再在定氮瓶口处放一个小漏斗。

（3）在电炉上方放石棉网,再将瓶口有小漏斗的定氮瓶倾斜 45°放置于石棉网上,小火慢慢加热。

（4）待定氮瓶内不再产生泡沫时,调成大火,继续加热至定氮瓶内溶液颜色变为蓝绿色,并且澄清透明时,继续加热 0.5 h 后停止加热。

（5）将定氮瓶取下来后进行冷却,冷却后再加入 20 mL 三级实验水,之后转入规格为 100 mL 的容量瓶中,并用三级实验水少量多次清洗定氮瓶,每一次的洗液均转入容量瓶中,随后用三级实验水进行定容。

（6）同步进行试剂空白试验。

2. 试样溶液的制备

用移液管吸取试样或试剂空白消解液 3.5 ± 1.5 mL 置于容量瓶(规格为 50 mL 或 100 mL)中,加入 $C_6H_5NO_3$ 指示剂溶液 2 滴,摇荡均匀,再滴加 NaOH 溶液进行中和,容量瓶中的溶液呈现黄色停止滴加,摇荡均匀,再滴加 CH_3COOH 溶液,直至容量瓶中的溶液呈现无色,随后用三级实验水稀释至刻度。

3. 标准曲线的绘制

(1)根据需要用移液管吸取系列 NH_3-N 标准使用溶液,分别置于规格为 10 mL 的容量瓶或比色管中。在每个容量瓶或比色管中依次加入 CH_3COONa-CH_3COOH 缓冲溶液 4 mL、显色剂 4 mL,再加入三级实验水定容。

(2)将上述系列容量瓶或比色管置于水浴锅加热,加热温度为 100 ℃,加热时长为 15 min。

(3)加热结束后,冷却到室温,用滤纸将容量瓶或比色管外侧擦干,用 1 cm 比色杯比色,以零管为参比,于波长 400 nm 处测量系列 NH_3-N 标准使用溶液的吸光度值,得出吸光度值与浓度的线性关系公式。

4. 试样测定

(1)根据需要用移液管吸取制备好的食品样品溶液和试剂空白溶液,分别置于规格为 10 mL 的容量瓶或比色管中。在每个容量瓶或比色管中依次加入 CH_3COONa-CH_3COOH 缓冲溶液 4 mL、显色剂 4 mL,再加入三级实验水定容。

(2)将上述容量瓶或比色管置于水浴锅加热,加热温度为 100 ℃,加热时长为 15 min。

(3)加热结束后,冷却到室温,用滤纸将容量瓶或比色管外侧擦干,用 1 cm 比色杯比色,以零管为参比,于波长 400 nm 处测量食品样品溶液和试剂空白溶液的吸光度值,代入线性关系公式得出食品样品中的氮含量。

（六）分析结果的表述

试样中蛋白质的含量计算式为

$$X = [(C - C_0) \times V_1 \times V_3] / (m \times V_2 \times V_4 \times 1000 \times 1000) \times 100 \times F$$

式中，X——食品样品中蛋白质的含量，g/100 g；

C——食品样品制备液所移取的测定液中氮的含量，μg；

C_0——试剂空白制备液所移取的测定液中氮的含量，μg；

V_1——食品样品消化液的定容体积，mL；

V_3——食品样品制备液的总体积，mL；

m——食品样品质量，g；

V_2——食品样品制备液所移取食品样品消化液的体积，mL；

V_4——食品样品制备液所移取的测定液的体积，mL；

1000、100——换算系数；

F——氮换算为蛋白质的系数。

计算结果有效数字保留位数与食品样品中蛋白质含量的大小有关，分为两种情形：当食品样品中蛋白质含量不小于 1 g/100 g 时，保留 3 位有效数字；当食品样品中蛋白质含量小于 1 g/100 g 时，保留 2 位有效数字。

（七）精密度

在同样的条件下，按照同样的操作步骤将混合均匀的样品进行两次测定，计算两次结果的平均值。再将两次中的一次测定结果减去另一次的测定结果，计算出的数据不应超过平均值的 10%。

常见食物中的氮折算成蛋白质的折算系数见表 5-3 所列。

表 5-3　蛋白质折算系数表

食品类别		折算系数	食品类别		折算系数
小麦	全小麦粉	5.83	大米及米粉		5.95
	麦糠麸皮	6.31	鸡蛋	鸡蛋（全）	6.25
	麦胚芽	5.80		蛋黄	6.12
	麦胚粉、黑麦、普通小麦、面粉	5.70		蛋白	6.32
燕麦、大麦、黑麦粉		5.83	肉与肉制品		6.25

续表

食品类别		折算系数	食品类别		折算系数
小米、裸麦		5.83	动物明胶		5.55
玉米、黑小麦、饲料小麦、高粱		6.25	纯乳与纯乳制品		6.38
油料	芝麻、棉籽、葵花籽、蓖麻、红花籽	5.30	复合配方食品		6.25
	其他油料	6.25	酪蛋白		6.40
	菜籽	5.53			
坚果、种子类	巴西果	5.46	胶原蛋白		5.79
	花生	5.46	豆类	大豆及其粗加工制品	5.71
	杏仁	5.18		大豆蛋白制品	6.25
	核桃、榛子、椰果等	5.30	其他食品		6.25

第二节 脂肪的测定

一、概述

在食品安全控制中,脂肪是一项被重点关注的检测指标,测定食品中脂肪含量具有重要价值。

(1)脂肪是人类身体中热量的重要来源,是人类必须的营养素。

(2)维持细胞构造及生理作用。

(3)提供人体所需脂肪酸(亚油酸、亚麻酸、花生四烯酸),这几种酸在人体内不能合成,必须通过食物获得。

(4)脂肪能够促进脂溶性维生素 A、脂溶性维生素 D、脂溶性维生素 E 和脂溶性维生素 K 的吸收。

(5)脂肪可以为焙烤食品等食品增添好的风味,例如,将卵磷脂加入面包,可使面包弹性好,柔软,体积大,形成均匀的蜂窝状。

（6）脂肪含量的测定有助于对食品质量进行判定。

脂肪的测定一般使用索氏提取法。

二、索氏提取法

（一）适用范围

本方法适用于各类食品样品中游离态脂肪的测定。

（二）基本原理

将食品样品中的脂肪用有机性溶剂提取,完全提取后再将所用的有机性溶剂蒸发完,再在干燥箱内进行干燥,用分析天平进行称量,恒重后通过公式计算得到食品样品中脂肪的含量。

（三）试剂和材料

本方法所用的试剂为分析纯,配置试剂所用的水为三级实验用水,试剂若有其他的要求,会在试剂后备注。

1. 试剂

（1）无水乙醚（$C_4H_{10}O$）。
（2）石油醚（C_nH_{2n+2}）:沸程为 45 ± 15 ℃。

2. 材料

（1）石英砂。
（2）脱脂棉。

（四）仪器和设备

（1）索氏抽提器。
（2）恒温水浴锅。
（3）分析天平:感量分别为 0.001 g 和 0.0001 g。
（4）电热鼓风干燥箱。
（5）干燥器:内装有效干燥剂,如硅胶。

（6）滤纸筒。

（7）蒸发皿。

（五）分析步骤

1. 试样处理

（1）固体试样

将食品样品混合均匀，用分析天平称量混合均匀后的食品 3.5±1.5 g，将所称量的食品样品放入滤纸筒内。最小精度为 0.001 g。

（2）液体或半固体试样

将食品样品混合均匀，用分析天平称量混合均匀后的食品 3.5±1.5 g，最小精度为 0.001 g。将所称量的食品样品放入蒸发皿内，加入大约 20 g 石英砂，再在水浴锅上蒸发干燥，水浴温度设置为 100 ℃。干燥后转入电热鼓风干燥箱内干燥，温度设定为 95～105 ℃，时间设定为 0.5 h。干燥完取出来，研磨精细，放入滤纸筒内，同时用含有 $C_4H_{10}O$ 的脱脂棉擦拭蒸发皿，也一并放入滤纸筒内。

2. 抽提

（1）将接收瓶在干燥箱内干燥至恒重，再将滤纸筒放入索氏提取器内，加入无水乙醚（$C_4H_{10}O$）和石油醚（C_nH_{2n+2}）至接收瓶容积的 2/3 处。

（2）在水浴锅上加热，抽提控制在（7±1）次/h，共抽提总时间为 8±2 h。

（3）提取完成后，用磨砂玻璃棒沾上一滴抽提液，若没有油斑，则说明提取成功。

3. 称量

将接收瓶取下来，将无水乙醚（$C_4H_{10}O$）和石油醚（C_nH_{2n+2}）回收，待剩余 1±2 mL 时在水浴锅上蒸发干燥，再转入干燥箱内干燥，温度设置为 95～105 ℃，时间设置为 1 h，干燥结束后，稍冷后拿出，在干燥器内冷却 0.5 h，用分析天平进行称量，达到恒重，两次称量的差不大于 2 mg。

（六）分析结果的表述

试样中脂肪的含量计算式为

$$X=(m_1-m_0)/m_2 \times 100$$

式中，X——食品样品中脂肪的含量，g/100 g；

m_1——恒重后接收瓶和脂肪的含量，g；

m_0——恒重后接收瓶的质量，g；

m_2——食品样品的质量，g；

100——换算系数。

（七）精密度

在同样的条件下，按照同样的操作步骤将混合均匀的样品进行两次测定，计算两次结果的平均值。再将两次中的一次测定结果减去另一次的测定结果，计算出的数据不应超过平均值的10%。

第三节　维生素 A、维生素 D、维生素 E 的测定

一、概述

维生素 A、维生素 D、维生素 E 在人体中各自承担着重要的生理功能，它们以不同的方式促进和维护着人体的健康。

维生素 A，作为一种脂溶性维生素，其主要功能包括：保护视力，作为视网膜色素的组成成分之一，维生素 A 对于维持正常视力至关重要；促进生长发育，推动正常细胞分裂和增殖，确保器官和组织的正常发育；增强免疫力，它能调控免疫细胞的发育和功能，提高机体对病毒和细菌的抵抗力；保护皮肤健康，提高皮肤质量，促进愈合和修复受损的皮肤；同时，维生素 A 还参与维持上皮组织功能，对呼吸道及胃肠道粘膜具有保护作用。

维生素 D，同样是一种脂溶性维生素，其主要功能在于促进钙吸收，调节肠道对钙的吸收和利用，有助于维持骨骼健康，预防骨质疏松症和骨折；此外，维生素 D 还具有免疫调节功能，能够增强机体对感染和疾病的抵抗能力，预防炎症和自身免疫性疾病；同时，它还参与维持神经肌肉功能，预防肌无力、痉挛等症状，并对心血管健康产生积极影响。

维生素 E，则是一种脂溶性的抗氧化剂，其主要功能在于抗氧化，能

够清除人体内的自由基,保护细胞免受氧化损伤;此外,维生素 E 还有助于保持皮肤弹性,通过滋润皮肤、促进皮肤血液循环等方式,降低皱纹的出现概率;同时,它还对提高生育能力、增强人体免疫力等方面具有积极作用,能够帮助增强男性睾丸内精子的数量和活力,并补充人体所需的营养元素。

二、食品中维生素 A 和维生素 E 的测定

(一)适用范围

本方法为反相高效液相色谱法,适用于食品中维生素 A 和维生素 E 的测定。

(二)原理

食品样品中的维生素 A 及维生素 E 经皂化(含淀粉的先用淀粉酶酶解)、提取、净化、浓缩处理,浓缩后的溶液用液相色谱仪分析。为了准确测定食品样品中维生素 A 和维生素 E 的浓度,通常会采用一种基于标准溶液建立线性关系的方法,然后利用这一线性关系来推算未知样品中的维生素含量。

(三)试剂和材料

以下试剂为分析纯,实验用水为国家用水标准中的一级水,特殊的纯度或水的级别会单独说明。

1. 试剂

(1)无水乙醇(C_2H_5OH):不含醛类物质。

(2)抗坏血酸($C_6H_8O_6$)。

(3)氢氧化钾(KOH)。

(4)乙醚 [($CH_3CH_2)_2O$]:不含过氧化物。

(5)石油醚($C_5H_{12}O_2$):沸程为 45 ± 15 ℃。

(6)无水硫酸钠(Na_2SO_4)。

(7)pH 试纸(pH 值范围 1 ~ 14)。

(8)甲醇(CH_3OH):色谱纯。

（9）淀粉酶：活力单位为 100 U/mg。

（10）2,6-二叔丁基对甲酚：BHT。

（11）有机系过滤头：孔径为 0.22 μm。

2. 试剂配制

试剂配制方法详见表 5-4 所列。

表 5-4　试剂配制方法一览表

序号	所配试剂名称	所需试剂 名称	用量	配制过程
1	KOH 溶液（50 g/100 g）	KOH	50 g	用分析天平称取 KOH，加入一级实验水将 KOH 溶解，冷却后，储存于聚乙烯瓶中
		一级实验水	50 mL	
2	石油醚-乙醚溶液（1+1）	石油醚	200 mL	将石油醚、乙醚分别倒入烧杯中，搅拌均匀
		乙醚	200 mL	

3. 标准品

1）维生素 A 标准品

（1）视黄醇（$C_{20}H_{30}O$）：纯度为 95%。

（2）市售有证标准物质。

注：视黄醇（$C_{20}H_{30}O$）的唯一 CAS 编号为 68-26-8。

2）维生素 E 标准品

（1）α-生育酚：纯度为 95%。

（2）β-生育酚：纯度为 95%。

（3）γ-生育酚：纯度为 95%。

（4）δ-生育酚：纯度为 95%。

（5）市售有证标准物质

α-生育酚的分子式为 $C_{29}H_{50}O_2$。

α-生育酚的唯一 CAS 编号为 10191-41-0。

β-生育酚的分子式为 $C_{28}H_{48}O_2$。

β-生育酚的唯一 CAS 编号为 148-03-8。

γ-生育酚的分子式为 $C_{28}H_{48}O_2$。

γ-生育酚的唯一 CAS 编号为 54-28-4。

δ-生育酚的分子式为 $C_{27}H_{46}O_2$。

δ-生育酚的唯一 CAS 编号为 119-13-1。

4. 标准溶液配制

标准溶液配制详见表 5-5 所列。

表 5-5 标准溶液配制一览表

序号	标准溶液名称	所需试剂	配制过程
1	维生素 A 标准储备溶液（0.500 mg/mL）	维生素 A 标准品 25.0 g（最小精度至 0.0001 g），无水乙醇	用分析天平称取维生素 A 标准品，用无水乙醇将其溶解后，转入容量瓶中，容量瓶的规格为 50 mL，用无水乙醇作为溶剂，添加到容量瓶的刻度线
2	维生素 E 标准储备溶液（1.00 mg/mL）	维生素 E 中四个标准品各 50.0 mg，无水乙醇	用分析天平分别称取维生素 E 中四个标准品，用无水乙醇分别将其溶解后，转移入容量瓶中，容量瓶的规格为 50 mL，用无水乙醇作为溶剂，添加到容量瓶的刻度线
3	维生素 A 和维生素 E 混合标准溶液中间液（维生素 A 浓度为 10.0 μg/mL、维生素 E 各生育酚浓度为 100 μg/mL）	维生素 A 标准储备溶液（0.50 mg/mL）1.00 mL，维生素 E 标准储备溶液（1.00 mg/mL）各 5.00 mL，甲醇	用移液管吸取维生素 A 标准储备溶液和维生素 E 标准储备溶液，分别加入容量瓶（规格为 50 mL）中，用甲醇定容
4	维生素 A 和维生素 E 标准系列工作溶液（维生素 A 浓度（单位为 μg/mL）为 0.20、0.50、1.00、2.00、4.00、6.00，维生素 E 浓度（单位为 μg/mL）为 2.00、5.00、10.0、20.0、40.0、60.0）	维生素 A 和维生素 E 混合标准溶液中间液（单位为 mL）0.20、0.50、1.00、2.00、4.00、6.00，甲醇	用移液管吸取系列维生素 A 和维生素 E 混合标准溶液中间液，分别加入棕色容量瓶（规格为 10 mL）中，再加甲醇定容。临用前配制

注 1：也可用市售标准物质配置。
注 2：维生素 A 和维生素 E 标准储备溶液临用前将溶液回温至 20 ℃，并进行浓度校正。

(四)仪器和设备

(1)分析天平:感量为 0.01 mg。
(2)恒温水浴振荡器。
(3)旋转蒸发仪。
(4)氮吹仪。
(5)紫外分光光度计。
(6)分液漏斗萃取净化振荡器。
(7)高效液相色谱仪。

(五)分析步骤

1. 试样制备

将一定数量的样品按要求经过缩分、粉碎均质后,储存于样品瓶中,避光冷藏,尽快测定。

2. 试样处理

1)皂化
(1)不含淀粉样品

先用分析天平称取制备好的固态食品样品,重量为 4 g,或用分析天平称取制备好的液态食品样品,重量为 50 g,转入平底烧瓶中。平底烧瓶的规格为 150 mL。若是固态食品样品,需向平底烧瓶中再加入温水 20 mL。

再向平底烧瓶中依次加入抗坏血酸和 BHT,重量分别为 1 g 和 0.1 g,混合均匀。

继续向平底烧瓶中加入无水乙醇和 KOH,添加体积分别为 30 mL 和 15 mL,混合均匀。

将平底烧瓶放入恒温水浴振荡器中振荡,水浴温度设置为 80 ℃,时间设置为 0.5 h。

在恒温水浴振荡器中发生的皂化反应结束后,也即水浴时间结束后,即刻用冷水冷却,达到常温后等待提取。

（2）含淀粉样品

先用分析天平称取制备好的固态食品样品,重量为 4 g,或用分析天平称取制备好的液态食品样品,重量为 50 g,转入平底烧瓶中,平底烧瓶的规格为 150 mL。若是固态食品样品,需向平底烧瓶中再加入温水 20 mL。

再向平底烧瓶中依次加入淀粉酶,重量为 0.8 g,混合均匀。

将平底烧瓶放入恒温水浴振荡器中避光振荡,水浴温度设置为 60 ℃,时间设置为 0.5 h。

再向平底烧瓶中依次加入抗坏血酸和 BHT,重量分别为 1 g 和 0.1 g。混合均匀。

继续向平底烧瓶中加入无水乙醇和 KOH,添加体积分别为 30 mL 和 15 mL,混合均匀。

将平底烧瓶放入恒温水浴振荡器中振荡,水浴温度设置为 80 ℃,时间设置为 0.5 h。

在恒温水浴振荡器中发生的皂化反应结束后,也即水浴时间结束后,即刻用冷水冷却,达到常温后等待提取。

2）提取

（1）将 1）中的皂化液用 30 mL 一级实验水转入分液漏斗中,分液漏斗规格为 250 mL,再往分液漏斗中加入石油醚 – 乙醚混合液,添加体积为 50 mL。

（2）将分液漏斗中的溶液进行萃取,萃取时间为 5 min。

（3）萃取结束后,将分液漏斗中的下层溶液转移至新的分液漏斗中,规格也为 250 mL。

（4）往之前的分液漏斗中加入石油醚 – 乙醚混合液,添加体积为 50 mL。萃取下层溶液合并到新的分液漏斗中。

如只测维生素 A 与 α – 生育酚,可用石油醚作提取剂。

3）洗涤

对新的分液漏斗进行 3 次洗涤,每次加入 100 mL 一级实验水,下层水需要去除,醚层呈中性。

4）浓缩

（1）将 3）洗涤后的醚层过滤,过滤介质为无水硫酸钠,无水硫酸钠的使用量大约为 3 g。滤液用旋转蒸发瓶接收,旋转蒸发瓶的规格为 250 mL。

（2）用石油醚 15 mL 多次清洗新的分液漏斗，清洗液体同 1）中（1）一样过滤。

（3）将旋转蒸发瓶接到旋转蒸发仪上，于水浴加热条件下进行减压蒸馏，加热温度为 40 ℃。

（4）待旋转蒸发瓶中的醚液剩下约 2 mL 时，用 N_2 吹到快干。

（5）用甲醇分次将蒸发瓶中残留物溶解并转移至 10 mL 容量瓶中，定容至刻度。

（6）定容后的溶液经有机系滤膜后，等待检测。

3. 色谱参考条件

色谱参考条件如下。

（1）色谱柱：C_{30} 柱。

（2）柱温：20 ℃。

（3）流动相：A 为水；B 为甲醇，洗脱梯度见表 5-6 所列。

（4）流速：0.8 mL/min。

（5）紫外检测波长：维生素 A 和维生素 E 的测定波长分别为 325 nm 和 294 nm。

（6）进样量：10 μL。

如难以将柱温控制在 20 ± 2 ℃，可改用 PFP 柱分离异构体，流动相为水和甲醇梯度洗脱。

如样品中只含 α-生育酚，不需分离 β-生育酚和 γ-生育酚，可选用 C18 柱，流动相为甲醇。

表 5-6　C_{30} 色谱柱 - 反相高效液相色谱法洗脱梯度参考条件

时间 /min	流动相 A/%	流动相 B/%	流速 /（mL/min）
0.0	4	96	0.8
13.0	4	96	0.8
20.0	0	100	0.8
24.0	0	100	0.8
24.5	4	96	0.8
30.0	4	96	0.8

4.色谱分析

用系列标准溶液中维生素 A 和维生素 E 色谱峰的峰面积和系列标准溶液中维生素 A 和维生素 E 的浓度建立线性关系公式。试样通过与标准色谱图保留时间的比较定性,根据维生素 A 和维生素 E 的标准曲线及试样中的峰面积计算试样中的维生素 A 和维生素 E 含量。

(六)分析结果的表述

试样中维生素 A 或维生素 E 的含量计算式为

$$X = (\rho \times V \times f \times 100)/m$$

式中,X——试样中维生素 A 或维生素 E 的含量,维生素 A 的单位为 μg/100 g,维生素 E 单位为 mg/100 g;

ρ——试样测定液按外标法在标准曲线中对应维生素 A 或维生素 E 的浓度,μg/mL;

V——定容体积,mL;

f——换算因子,维生素 A 为 $f=1$,维生素 E 为 $f=0.001$;

100——试样中量以每 100 g 计算的换算系数;

m——试样质量,g。

计算结果保留三位有效数字。

(七)精密度

在同样的条件下,按照同样的操作步骤将混合均匀的样品进行两次测定,计算两次结果的平均值。再将两次中的一次测定结果减去另一次的测定结果,计算出的数据不应超过平均值的 10%。

(八)其他

当称样量为 5 g,定容体积为 10 mL 时,本方法中维生素 A 的紫外检出限为 10 μg/100 g,定量限为 30 μg/100 g。生育酚的紫外检出限为 40 μg/100 g,定量限为 120 μg/100 g。

第四节 矿物元素的测定

一、概述

微量元素对人类健康的重要性不言而喻,它们虽然在人体内的含量极少,但却在生长发育、内分泌、心血管、血液、神经系统及免疫力等多方面发挥着关键作用。

(1)生长发育方面。缺铁是导致贫血的主要原因之一,贫血会限制氧气的输送,从而影响身体各部位的正常发育,尤其是儿童期缺铁会导致生长发育迟缓、智力发育不良。锌是多种酶的辅基,参与DNA、RNA和蛋白质的合成与代谢。缺锌会影响细胞分裂、生长和再生,导致生长发育受阻。铜参与体内多种酶的合成和活性调节,对铁的吸收和利用也有重要作用,缺铜会影响血红蛋白的合成和骨骼的发育。

(2)内分泌方面。碘是合成甲状腺激素的重要原料,缺碘会导致甲状腺激素合成不足,进而影响人体的基础代谢率、生长发育和神经系统发育。铬参与胰岛素的代谢,有助于维持血糖的稳定,缺铬可能导致胰岛素作用减弱,血糖升高。

(3)心血管方面。硒具有抗氧化作用,能够保护心血管系统免受自由基的损害,缺硒可能增加心血管疾病的风险。铜参与多种酶的合成和活性调节,对心血管系统的健康也有重要影响,缺铜可能导致心血管功能下降。除了在内分泌方面的作用外,铬还能降低胆固醇水平,减少心血管疾病的发生风险。

(4)血液方面。如前所述,缺铁会导致贫血,影响血液的携氧能力。铜参与血红蛋白的合成,缺铜同样会导致贫血。

(5)神经系统方面。锌参与神经递质的合成和释放,缺锌可能导致神经系统功能紊乱,表现为记忆力减退、神经衰弱等症状。硒对神经系统的正常运作也有重要作用,缺硒可能影响神经细胞的正常功能。缺碘会导致甲状腺激素合成不足,进而影响神经系统的发育和功能。

(6)免疫力方面。锌是目前被认为与免疫系统关系最密切的必需微量元素，缺锌会导致免疫力下降，使人体更容易受到疾病的侵袭。硒能促进免疫系统的功能，缺硒同样会降低免疫力。铁参与免疫细胞的合成和功能调节，缺铁会导致免疫细胞数量减少和功能下降。

综上所述，微量元素的缺乏会对人类的生长发育，内分泌、心血管、血液、神经系统及免疫力等多个方面产生负面影响。因此，保持均衡的饮食，确保从食物中摄取足够的微量元素，对于维护人体健康至关重要。

二、钙的测定第一法——火焰原子吸收光谱法

（一）适用范围

本方法适用于食品样品中钙的测定。

（二）基本原理

将食品样品制备消解后，形成消化液，依据分析需求进行稀释，在稀释液中添加氧化镧溶液，至氧化镧溶液的最终浓度为 1 g/L。稀释液进入原子吸收分光光度计，在原子化器中完成原子化，在一定浓度范围内，稀释液中钙的浓度与吸光度（波长为 422.7 nm）成正比，通过测出吸光度，将其代入标准曲线线性关系公式中计算出食品中的钙浓度。

（三）试剂和材料

本方法所用的试剂为优级纯，配置试剂所用的水为二级实验用水，试剂若有其他的要求，会在试剂后备注。

1. 试剂

（1）硝酸（HNO_3）。

（2）高氯酸（$HClO_4$）。

（3）盐酸（HCl）。

（4）氧化镧（La_2O_3）。

2. 试剂配制

试剂配制方法详见表 5-7 所列。

表 5-7　试剂配制一览表

序号	所配试剂名称	所需试剂 名称	用量	配制过程
1	HNO_3 溶液（5+95）	HNO_3	50 mL	用量筒分别量取 HNO_3、二级实验水加入烧杯中，随后使用玻璃棒搅拌混匀
		二级实验水	950 mL	
2	HNO_3 溶液（1+1）	HNO_3	500 mL	用量筒分别量取 HNO_3、二级实验水加入烧杯中，随后使用玻璃棒搅拌混匀
		二级实验水	500 mL	
3	HCl 溶液（1+1）	HCl	500 mL	用量筒分别量取 HCl、二级实验水加入烧杯中，随后用玻璃棒搅拌混匀
		二级实验水	500 mL	
4	镧溶液（20 g/L）	La_2O_3	23.45 g	用分析天平称取 La_2O_3，加入少量二级实验水将 La_2O_3 湿润，随后加入 HCl 溶液（1+1）将 La_2O_3 溶解，溶解后转入 1000 mL 容量瓶中，用二级实验水进行定容
		HCl 溶液（1+1）	75 mL	

3. 标准品

（1）碳酸钙（$CaCO_3$）：纯度 >99.99%。

（2）市售有证标准物质。

碳酸钙（$CaCO_3$）的唯一 CAS 编号为 471-34-1。

4. 标准溶液的配制

标准溶液配制方法详见表 5-8 所列。

表 5-8　标准溶液配制方法一览表

序号	标准溶液名称	所需试剂	配制过程
1	钙标准储备液（1000 mg/L）	$CaCO_3$ 2.4963 g（最小精度至 0.0001 g），盐酸溶液（1+1），二级实验水	用分析天平称取 $CaCO_3$，加入适量 HCl 溶液（1+1）将 $CaCO_3$ 溶解，溶解后移入容量瓶（规格为 1000 mL）中，用二级实验水定容

续表

序号	标准溶液名称	所需试剂	配制过程
2	钙标准中间液（100 mg/L）	钙标准储备液（1000 mg/L）10mL,硝酸溶液（5+95）	用移液管吸取钙标准储备液,加入容量瓶(规格为100 mL)中,用 HNO_3 溶液（5+95）定容
3	钙标准系列溶液(单位 mg/L)（0、0.500、1.00、2.00、4.00 和 6.00）	钙标准中间液（100 mg/L）（单位 mL）0、0.500 L、1.00、2.00、4.00、6.00；镧溶液 5 mL；HNO_3 溶液（5+95）	用移液管吸取系列钙标准中间液,分别加入容量瓶(规格为 100 mL)中,随后在每个容量瓶中加入镧溶液,再加 HNO_3 溶液（5+95）定容

注 1：可用市售标准物质配置。
注 2：标准溶液系列空度可根据实际情况配制。

（四）仪器设备

（1）火焰原子吸收光度计。

（2）分析天平：感量为 1 mg 和 0.1 mg。

（3）微波消解系统：配聚四氟乙烯消解内罐。

（4）可调式电热炉。

（5）可调式电热板。

（6）压力消解罐：配聚四氟乙烯消解内罐。

（7）恒温干燥箱。

（8）马弗炉。

所有直接接触食品样品消化液或稀释液的容器用 20% 的硝酸浸泡放置过夜,随后依次用自来水、二级实验用水清洗干净。

（五）分析步骤

1. 食品样品制备

（1）粮食、豆类样品。将样品中的杂物清理干净,用粉碎机将样品粉碎,存放在塑料瓶中。

（2）蔬菜、水果、鱼类、肉类等样品。将样品清洗干净,自然晾干,用匀浆机将样品可以食用的部分匀浆,存放在塑料瓶中。

（3）液体样品。将样品摇匀。

食品样品在采样及制备环节不能受污染。

2. 固态食品样品消解

1）湿法消解

（1）称量 0.2～3 g 制备好的固态食品样品，置于消化管内，称量最小精度为 0.001 g。

（2）用移液管分别在消化管内加入 10 mL HNO_3、0.5 mL $HClO_4$，随后在电热板上进行加热消解。

（3）当消解结束的消解溶液颜色为浅黄色或没有颜色，且消解溶液呈透明状时，说明消解彻底，便可冷却后用二级实验用水定容，定容的体积为 25 mL，反之继续加适量 HNO_3 消解。

（4）依据分析需求进行稀释，在稀释液中添加氧化镧溶液，至氧化镧溶液的最终浓度为 1 g/L。

（5）同步做空白试验。

2）微波消解

（1）称量 0.2～0.8 g 制备好的固态食品样品，置于消解罐内，称量最小精度为 0.001 g。

（2）依次加入 5 mL HNO_3 进行微波消解（微波消解的三个主要条件：温度/升温时间/恒温时间依次为 120 ℃/5 min/5 min、160 ℃/5 min/10 min 和 180 ℃/5 min/10 min）。

（3）然后在电热板（温度设置为 150±10 ℃）上加热至消解液内的酸剩约 1 mL。

（4）将上述消解液大约 1 mL 的转入容量瓶，容量瓶的规格为 25 mL，用二级实验用水将留液管清洗 3 遍，并将清洗液移入容量瓶，随即用二级实验用水定容。

（5）依据分析需求进行稀释，在稀释液中添加氧化镧溶液，至氧化镧溶液的最终浓度为 1 g/L。

（6）同步做空白试验。

3）压力罐消解

（1）称量 0.2～1 g 制备好的固态食品样品，置于消解内罐内，称量最小精度为 0.001 g。

（2）依次加入 5 mL HNO_3，将消解内罐盖子盖好，再将压力罐外套拧紧,转入恒温干燥箱进行消解,恒温干燥箱的温度设置为150 ℃,根据实际情况可上下浮动10 ℃,消解时间为4 h,根据实际情况可上下浮动1 h。

(3)冷却后,在电热板(温度设置为150±10 ℃)上加热至消解液内的酸赶到剩约1 mL。

(4)将上述消解液大约1 mL转入容量瓶,容量瓶的规格为25 mL,用二级实验用水将留液管清洗3遍,并将清洗液移入容量瓶,随即用二级实验用水定容。

(5)依据分析需求进行稀释,在稀释液中添加氧化镧溶液,至氧化镧溶液的最终浓度为1 g/L。

(6)同步做空白试验。

4)干法灰化

(1)称量0.5~5 g制备好的固态食品样品,置于坩埚内,称量最小精度为0.001 g。

(2)小火加热坩埚,促进样品炭化,待没有烟后移入马弗炉消解,550 ℃下消解3.5±0.5 h。

(3)冷却后,加几滴HNO_3,小火继续加热,当心蒸干,再移入马弗炉消解,550 ℃下消解1.5±0.5 h。

(4)试样呈现白灰状后,用适量HNO_3溶液(1+1)溶解转移至容量瓶(规格为25 mL)中,用二级实验用水进行定容。

(5)依据分析需求进行稀释,在稀释液中添加氧化镧溶液,至氧化镧溶液的最终浓度为1 g/L。

(6)同步做空白试验。

3. 液态食品样品消解

1)湿法消解

(1)用移液管移取0.500~5.00 mL制备好的液态食品样品,置于消化管内。

(2)用移液管分别在消化管内加入10 mL HNO_3,0.5 mL $HClO_4$,随后在电热板上进行加热消解。

(3)如果消解结束时消解溶液颜色为浅黄色或没有颜色,且消解溶液呈透明状,说明消解彻底,便可冷却后用二级实验用水定容,定容的体积为25 mL,反之继续加适量HNO_3消解。

（4）依据分析需求进行稀释,在稀释液中添加氧化镧溶液,至氧化镧溶液的最终浓度为 1 g/L。

（5）同步做空白试验。

2）微波消解

（1）用移液管移取 0.500～3.00 mL 制备好的液态食品样品,置于消解罐内。

（2）依次加入 5 mL HNO_3 进行微波消解(微波消解的三个主要条件:温度/升温时间/恒温时间依次为 120 ℃/5 min/5 min、160 ℃/5 min/10 min 和 180 ℃/5 min/10 min)。

（3）然后在电热板(温度设置为 150±10 ℃)上加热至消解液内的酸剩约 1 mL。

（4）将上述大约 1 mL 的消解液转入容量瓶,容量瓶的规格为 25 mL,用二级实验用水将留液管清洗 3 遍,并将清洗液移入容量瓶,随即用二级实验用水定容。

（5）依据分析需求进行稀释,在稀释液中添加氧化镧溶液,至氧化镧溶液的最终浓度为 1 g/L。

（6）同步做空白试验。

3）压力罐消解

（1）用移液管移取 0.500～5.00 mL 制备好的液态食品样品,置于消解内罐。

（2）依次加入 5 mL HNO_3,将消解内罐盖子盖好,再将压力罐外套拧紧,转入恒温干燥箱进行消解,恒温干燥箱的温度设置为 150 ℃,根据实际情况可上下浮动 10 ℃,消解时间为 4 h,根据实际情况可上下浮动 1 h。

（3）冷却后,在电热板(温度设置为 150±10 ℃)上加热至消解液内的酸剩约 1 mL。

（4）将上述消解液大约 1 mL 转入容量瓶,容量瓶的规格为 25 mL,用二级实验用水将移液管清洗 3 遍,并将清洗液移入容量瓶,随即用二级实验用水定容。

（5）依据分析需求进行稀释,在稀释液中添加氧化镧溶液,至氧化镧溶液的最终浓度为 1 g/L。

（6）同步做空白试验。

4）干法灰化

（1）用移液管移取 0.500～10.0 mL 制备好的液态食品样品，置于坩埚内。

（2）小火加热坩埚，促进样品炭化，没有烟后移入马弗炉消解，550 ℃下消解 3.5 ± 0.5 h。

（3）冷却后，加几滴 HNO_3，小火继续加热，当心不要蒸干，再移入马弗炉消解，550 ℃下消解 1.5 ± 0.5 h。

（4）当试样呈现白灰状后，用适量 HNO_3 溶液（1+1）溶解转移至容量瓶（规格为 25 mL）中，用二级实验用水进行定容。

（5）依据分析需求进行稀释，在稀释液中添加氧化镧溶液，至氧化镧溶液的最终浓度为 1 g/L。

（6）同步做空白试验。

4. 仪器参考条件

（1）元素：钙。
（2）波长：422.7 nm。
（3）狭缝：1.3 nm。
（4）灯电流：10 ± 5 mA。
（5）燃烧头高度：3 mm。
（6）空气流量：9 L/min。
（7）乙炔流量：2 L/min。

5. 标准曲线的制作

将钙标准系列溶液的低浓度标液到高浓度标液依次用火焰原子吸收光度计进行测定，测定出吸光度，得出吸光度与标液浓度的线性关系。

6. 试样溶液的测定

将前述最终进行定容或定容后稀释的溶液用分析设备进行测定，测定食品样品和实验空白的吸光度，代入已建立的线性关系公式计算，得出钙的浓度。

（六）分析结果的表述

试样中钙的含量计算式为

$$X = (\rho - \rho_0) \times f \times V / m$$

式中，X——食品样品中钙的含量，mg/kg 或 mg/L；

　　　ρ——食品样品消解定容稀释液中钙的质量浓度，mg/L；

　　　ρ_0——实验室空白溶液中钙的质量浓度，mg/L；

　　　f——食品样品消解定容稀释液的稀释倍数；

　　　V——食品样品消解定容稀释液的定容体积，mL；

　　　m——食品样品质量或移取体积，g 或 mL。

（七）精密度

在同样的条件下，按照同样的操作步骤将混合均匀的样品进行两次测定，计算两次结果的平均值。再将两次中的一次测定结果减去另一次的测定结果，得出的数据不应超过平均值的10%。

（八）其他

当固态食品样品称样量为 0.5 g，或液态食品样品取样量为 0.5 mL，消解完定容体积为 25 mL 时，本方法的检出限为 0.5 mg/kg（或 0.5 mg/L），定量限为 1.5 mg/kg（或 1.5 mg/L）。

三、钾和钠的测定第一法——火焰原子吸收光谱法

（一）适用范围

本方法适用于食品样品中钾、钠的测定。

（二）基本原理

将食品样品制备消解后，形成消化液。消化液进入原子吸收分光光度计，在原子化器中完成原子化，在一定浓度范围内，消化液中钾、钠的浓度与吸光度（钾波长为 766.5 nm、钠波长为 589.0 nm）成正比，通过测出吸光度，将其代入标准曲线线性关系公式中计算出食品中钾和钠浓度。

（三）试剂和材料

本方法所用的试剂为优级纯，配置试剂所用的水为二级实验用水，试剂若有其他的要求，会在试剂后备注。

1. 试剂

（1）硝酸（HNO_3）。
（2）高氯酸（$HClO_4$）。
（3）氯化铯（$CsCl$）。

2. 试剂配制

试剂配制方法详见表5-9所列。

表5-9 试剂配制方法一览表

序号	所配试剂名称	所需试剂名称	用量	配制过程
1	$HClO_4$+HNO_3（1+9）	$HClO_4$	100 mL	用量筒分别量取 $HClO_4$、HNO_3 加入烧杯中，随后使用玻璃棒搅拌混匀
		HNO_3	900 mL	
2	HNO_3溶液（1+99）	HNO_3	10 mL	用量筒分别量取 HNO_3、二级实验水加入烧杯中，随后使用玻璃棒搅拌混匀
		二级实验水	990 mL	
3	CsCl溶液（50 g/L）	CsCl	5.0 g	用分析天平称取CsCl，加入二级实验水将CsCl溶解，溶解后转入100 mL容量瓶中，用二级实验水进行定容

3. 标准品

（1）KCl标准品。
（2）NaCl标准品。
以上标准品纯度>99.99%。

4. 标准溶液配制

标准溶液配制方法详见表5-10所列。

表 5-10　标准溶液配制一览表

序号	标准溶液名称	所需试剂	配制过程
1	K、Na 标准储备液（1000 mg/L）	氯化钾 1.9068 g，氯化钠 2.5421 g，二级实验水	首先将 KCl 或 NaCl 于恒温干燥箱中 115 ℃ ±5 ℃ 干燥 2 h。然后用分析天平称取 1.9068 g 氯化钾或 2.5421 g 氯化钠，分别溶于二级实验水中，并移入容量瓶（规格为 1000 mL）中，用二级实验室定容至刻度，混匀，贮存于聚乙烯瓶内，4 ℃ 保存
2	钾、钠标准工作液（100 mg/L）	钾或钠标准储备溶液 10 mL，二级实验水	用移液管吸取钾或钠标准储备溶液于容量瓶（规格为 100 mL）中，用二级实验水定容至刻度，贮存于聚乙烯瓶中，4 ℃ 保存
3	（1）钾标准系列工作液（单位 mg/L）（0、0.100、0.500、1.00、2.00、4.00） （2）钠标准系列工作液（单位 mg/L）（0、0.500、1.00、2.00、3.00、4.00）	0、0.1、0.5、1.0、2.0、4.0 钾标准工作液（单位 mL）；0、0.5、1.0、2.0、3.0、4.0 钠标准工作液（单位 mL）；氯化铯溶液 4 mL	（1）依次用移液管吸取钾标准工作液于容量瓶（规格为 100 mL）中，加氯化铯溶液 4 mL，用二级实验水定容至刻度，混匀； （2）依次用移液管吸取钠标准工作液于容量瓶（规格为 100 mL）中，加氯化铯溶液 4 mL，用二级实验水定容至刻度，混匀

注 1：也可用市售标准物质配置。
注 2：标准溶液系列空度可根据实际情况配制。

（四）仪器和设备

（1）火焰原子吸收光度计。

（2）分析天平：感量为 0.1 mg 和 1.0 mg。

（3）分析用钢瓶乙炔气和空气压缩机。

（4）样品粉碎设备：匀浆机、高速粉碎机。

（5）马弗炉。

（6）可调式控温电热板。

（7）可调式控温电热炉。

（8）微波消解仪，配有聚四氟乙烯消解内罐。

（9）恒温干燥箱。

（10）压力消解罐，配有聚四氟乙烯消解内罐。

(五)分析步骤

1. 食品样品制备

1)固态样品

(1)干样。用粉碎机将样品可食用部分粉碎均匀,存放在塑料瓶中。对粉状干样,摇匀即可。

(2)鲜样。将样品清洗干净,自然晾干,用匀浆机将样品可以食用的部分匀浆,存放在塑料瓶中。

(3)速冻及罐头食品。经解冻的速冻食品及罐头样品,取可食部分匀浆均匀。

2)液态样品

软饮料、调味品等液态样品应摇匀。

3)半固态样品

半固态样品应搅拌均匀。

2. 固态试样消解

1)微波消解法

(1)称量 0.2～0.5 g 制备好的固态食品样品,置于消解罐内,称量最小精度为 0.001 g。

(2)加入 5～10 mL HNO_3,加盖放置 1 h 或过夜后,进行微波消解(微波消解的三个主要条件:温度/升温时间/恒温时间依次为 140 ℃/10 min/5 min、170 ℃/5 min/10 min 和 190 ℃/5 min/20 min)。

(3)然后在电热板(温度设置为 130±10 ℃)上加热至消解液内的酸赶到剩约 1 mL。

(4)将上述消解液大约 1 mL 转入容量瓶,容量瓶的规格为 25 mL 或 50 mL,用二级实验用水将留液管清洗 3 遍,并将清洗液移入容量瓶,随即用二级实验用水定容。

(5)同步做空白试验。

2)压力罐消解法

(1)称量 0.3～1 g 制备好的固态食品样品,置于消解内罐内,称量最小精度为 0.001 g。

(2)依次加入 5 mL HNO_3,将消解内罐盖子盖好,加盖放置 1 h 或过夜后,再将压力罐外套拧紧,移入恒温干燥箱内消解(消解的两个主要条件:温度/恒温时间依次为 80 ℃/2 h、120 ℃/2 h 和 160 ℃/140 min)。

(3)冷却后,在电热板(温度设置为 130±10 ℃)上加热至消解液内的酸剩约 1 mL。

(4)将上述消解液大约 1 mL 转入容量瓶,容量瓶的规格为 25 mL 或 50 mL,用二级实验用水将留液管清洗 3 遍,并将清洗液移入容量瓶,随即用二级实验用水定容。

(5)同步做空白试验。

3)湿式消解法

(1)称量 0.2~5 g 制备好的固态食品样品,置于消化管内,称量最小精度为 0.001 g。

(2)用移液管分别在消化管内加入 10 mL $HClO_4$+HNO_3(1+9),随后在电热板上进行加热消解。

(3)当消解结束的消解溶液颜色为浅黄色或没有颜色,且消解溶液呈透明状时,说明消解彻底,便可冷却后用二级实验用水定容,定容的体积为 25 mL 或 50 mL,反之继续加适量 $HClO_4$+HNO_3(1+9)消解。

(4)同步做空白试验。

4)干式消解法

(1)称量 0.5~5 g 制备好的固态食品样品,置于坩埚内,称量最小精度为 0.001 g。

(2)小火加热坩埚,促进样品炭化,没有烟后移入马弗炉消解,500~550 ℃下消解 6.5±1.5 h。

(3)冷却后,加几滴 HNO_3,小火继续加热,当心蒸干,再移入马弗炉消解,550 ℃下消解 1.5±0.5 h。

(4)试样呈现白灰状后,用适量 HNO_3 溶液(1+1)溶解转移至容量瓶(规格为 25 mL 或 50 mL)中,用二级实验用水进行定容。

(5)同步做空白试验。

3. 液态试样消解

1)微波消解法

(1)用移液管移取 0.500~3.00 mL 制备好的液态食品样品,置于消解罐内。

(2)加入 5~10 mL HNO_3,加盖放置 1 h 或过夜后,进行微波消解

(微波消解的三个主要条件：温度/升温时间/恒温时间依次为140 ℃/10 min/5 min、170 ℃/5 min/10 min 和 190 ℃/5 min/20 min）。

（3）在电热板（温度设置为130±10 ℃）上加热至消解液内的酸剩约1 mL。

（4）将上述消解液大约1 mL转入容量瓶，容量瓶的规格为25 mL或50 mL，用二级实验用水将留液管清洗3遍，并将清洗液移入容量瓶，随即用二级实验用水定容。

（5）同步做空白试验。

2）压力罐消解法

（1）用移液管移取0.500～5.00 mL制备好的液态食品样品，置于消解罐内。

（2）依次加入5 mL HNO_3，将消解内罐盖子盖好，加盖放置1 h或过夜后，再将压力罐外套拧紧，移入恒温干燥箱消解（消解的两个主要条件：温度/恒温时间依次为80 ℃/2 h、120 ℃/2 h和160 ℃/140 min）。

（3）冷却后，在电热板（温度设置为130±10 ℃）上加热至消解液内的酸剩约1 mL。

（4）将上述消解液大约1 mL转入容量瓶，容量瓶的规格为25 mL或50 mL，用二级实验用水将留液管清洗3遍，并将清洗液移入容量瓶，随即用二级实验用水定容。

（5）同步做空白试验。

3）湿式消解法

（1）用移液管移取0.500～5.00 mL制备好的液态食品样品，置于消化管内。

（2）用移液管分别在消化管内加入10 mL $HClO_4$+HNO_3（1+9），随后在电热板上进行加热消解。

（3）当消解结束的消解溶液颜色为浅黄色或没有颜色，且消解溶液呈透明状时，说明消解彻底，便可冷却后用二级实验用水定容。定容的体积为25 mL或50 mL，反之继续加适量$HClO_4$+HNO_3（1+9）消解。

（4）同步做空白试验。

当液态样品中含乙醇或二氧化碳时，提前在电热板上低温加热将其去除后再进行湿法消解。

4）干式消解法

（1）用移液管移取 0.500～10.0 mL 制备好的液态食品样品,置于坩埚内。

（2）小火加热坩埚,促进样品炭化,没有烟后移入马弗炉消解,500～550 ℃下消解 6.5 ± 1.5 h。

（3）冷却后,加几滴 HNO_3,小火继续加热,注意不要蒸干,再移入马弗炉消解,550 ℃下消解 1.5 ± 0.5 h。

（4）试样呈现白灰状后,用适量 HNO_3 溶液（1+1）溶解转移至容量瓶（规格为 25 mL 或 50 mL）中,用二级实验用水进行定容。

（5）同步做空白试验。

4. 仪器参考条件

1）测定钾的仪器参考条件

（1）波长：766.5 nm。

（2）狭缝：0.5 nm。

（3）灯电流：8 mA。

（4）燃气流量：1.2 L/min。

（5）测定方式：吸收。

2）测定钠的仪器参考条件

（1）波长：589.0 nm。

（2）狭缝：0.5 nm。

（3）灯电流：8 mA。

（4）燃气流量：1.1 L/min。

（5）测定方式：吸收。

5. 标准曲线的制作

将钾、钠标准系列工作溶液的低浓度标液到高浓度标液依次用火焰原子吸收光度计进行测定,测定出吸光度,得出吸光度与标液浓度的线性关系。

6. 试样溶液的测定

根据试样溶液中被测元素的含量,将试样溶液用水稀释至适当浓度,并在空白溶液和试样最终测定液中加入一定量的氯化铯溶液,使氯化铯浓度达到0.2%。于测定标准曲线工作液相同的实验条件下,将空白溶液和测定液注入原子吸收光谱仪中,分别测定钾或钠的吸光值,根据标准曲线得到待测液中钾或钠的浓度。

（七）分析结果的表述

试样中钾、钠含量计算式为

$$X=[(\rho-\rho_0) \times f \times V \times 100]/(m \times 1000)$$

式中,X——食品样品中钾或钠的含量,mg/100 g 或 mg/100 mL;

ρ——食品样品消解定容稀释液中钾或钠的质量浓度,mg/L;

ρ_0——实验室空白溶液中钾或钠的质量浓度,mg/L;

f——食品样品消解定容稀释液的稀释倍数;

V——食品样品消解定容稀释液的定容体积,mL;

100、1000——换算系数;

m——食品样品质量或移取体积,g 或 mL。

计算结果保留三位有效数字。

（八）精密度

在同样的条件下,按照同样的操作步骤将混合均匀的样品进行两次测定,计算出两次结果的平均值。再将两次中的一次测定结果减去另一次的测定结果,得出的数据不应超过平均值的10%。

（九）其他

当固态食品样品称样量为0.5g,或液态食品样品取样量为0.5 mL,消解完定容体积为25 mL时,本方法钾和钠的检出限分别为 0.2 mg/100 g（或 0.2 mg/100 L）、0.8 mg/100 g（或 0.8 mg/100 L）,定量限分别为 0.5 mg/100 g（或 0.5 mg/100 L）、3 mg/100 g（或 3 mg/100 L）。

四、钾和钠的测定第二法——火焰原子发射光谱法

（一）适用范围

本方法适用于食品样品中钾、钠的测定。

（二）实验原理

将食品样品制备消解后,形成消化液。消化液进入火焰光度计或原子吸收光谱仪,在原子化器中完成原子化,在一定浓度范围内,消化液中钾、钠的浓度与吸光度(钾波长为 766.5 nm、钠波长为 589.0 nm)成正比。测出吸光度,将其代入标准曲线线性关系公式中,计算出食品中钾和钠浓度。

（三）试剂和材料

本方法所用的试剂为优级纯,配置试剂所用的水为二级实验用水,试剂若有其他的要求,会在试剂后备注。

1. 试剂

（1）硝酸（HNO_3）。
（2）高氯酸（$HClO_4$）。

2. 试剂配制

试剂配制方法详见表 5-11 所列。

表 5-11 试剂配制方法一览表

序号	所配试剂名称	所需试剂名称	用量	配制过程
1	$HClO_4+HNO_3$（1+9）	$HClO_4$	100 mL	用量筒分别量取 $HClO_4$、HNO_3 加入烧杯中,随后使用玻璃棒搅拌混匀
		HNO_3	900 mL	
2	HNO_3 溶液（1+99）	HNO_3	10 mL	用量筒分别量取 HNO_3、二级实验水加入烧杯中,随后使用玻璃棒搅拌混匀
		二级实验水	990 mL	

3. 标准品

（1）KCl 标准品。
（2）NaCl 标准品。
以上标准品纯度大于 99.99%。

4. 标准溶液配制

标准溶液配制方法详见表 5-12 所列。

表 5-12 标准溶液配制方法一览表

序号	标准溶液名称	所需试剂	配制过程
1	钾、钠标准储备液（1000 mg/L）	氯化钾 1.9068 g，氯化钠 2.5421 g，二级实验水	首先将 KCl 或 NaCl 于恒温干燥箱中 115±5 ℃ 干燥 2 h。然后用分析天平称取 1.9068 g 氯化钾或 2.5421 g 氯化钠，分别溶于二级实验水中，并移入容量瓶(规格为 1000 mL)中，用二级实验室定容至刻度，混匀，贮存于聚乙烯瓶内，4 ℃ 保存
2	钾、钠标准工作液（100 mg/L）	钾或钠标准储备溶液 10 mL，二级实验水	用移液管吸取钾或钠标准储备溶液于容量瓶(规格为 100 mL)中，用二级实验水定容至刻度，贮存于聚乙烯瓶中，4 ℃ 保存
3	（1）钾标准系列工作液(单位 mg/L)（0、0.100、0.500、1.00、2.00、4.00）（2）钠标准系列工作液(单位 mg/L)（0、0.500、1.00、2.00、3.00、4.00）	0、0.1、0.5、1.0、2.0、4.0 钾标准工作液(单位 mL)；0、0.5、1.0、2.0、3.0、4.0 钠标准工作液(单位 mL)；氯化铯溶液 4 mL	（1）依次用移液管吸取钾标准工作液于容量瓶(规格 100 mL)中，用二级实验水定容至刻度，混匀。（2）依次用移液管吸取钠标准工作液于容量瓶(规格为 100 mL)中，用二级实验水定容至刻度，混匀

注 1：也可用市售标准物质配置。
注 2：标准溶液的浓度可根据实际情况配制。

（四）仪器和设备

（1）火焰光度计或原子吸收光谱仪(配发射功能)。

（2）分析天平：感量为 0.1 mg 和 1.0 mg。

（3）分析用钢瓶乙炔气和空气压缩机。

（4）样品粉碎设备：匀浆机、高速粉碎机。

（5）马弗炉。

（6）可调式控温电热板。

（7）可调式控温电热炉。

（8）微波消解仪,配有聚四氟乙烯消解内罐。

（9）恒温干燥箱。

（10）压力消解罐,配有聚四氟乙烯消解内罐。

（五）分析步骤

1. 食品样品制备

1）固态样品

（1）干样。用粉碎机将样品可食用部分粉碎均匀,存放在塑料瓶中。对粉状干样,摇匀即可。

（2）鲜样。将样品清洗干净,自然晾干,用匀浆机将样品可以食用的部分匀浆,存放在塑料瓶中。

（3）速冻及罐头食品。经解冻的速冻及罐头食品,取可食部分匀浆均匀。

2）液态样品

软饮料、调味品等液态样品应摇匀。

3）半固态样品

半固态样品应搅拌均匀。

2. 固态试样消解

1）微波消解法

（1）称量 0.2～0.5 g 制备好的固态食品样品,置于消解罐内,称量最小精度为 0.001 g。

（2）加入 5～10 mL HNO_3,加盖放置 1 h 或过夜后,进行微波消解(微波消解的三个主要条件:温度/升温时间/恒温时间依次为 140 ℃/10 min/5 min、170 ℃/5 min/10 min 和 190 ℃/5 min/20 min)。

（3）然后在电热板(温度设置为 130±10 ℃)上加热至消解液内的酸剩约 1 mL。

（4）将上述消解液大约 1 mL 转入容量瓶,容量瓶的规格为 25 mL 或 50 mL,用二级实验用水将留液管清洗 3 遍,并将清洗液移入容量瓶,随即用二级实验用水定容。

（5）同步做空白试验。

2）压力罐消解法

（1）称量 0.3～1 g 制备好的固态食品样品，置于消解内罐内，称量最小精度为 0.001 g。

（2）依次加入 5 mL HNO_3，将消解内罐盖子盖好，加盖放置 1 h 或过夜后，再将压力罐外套拧紧，移入恒温干燥箱消解（消解的两个主要条件：温度/恒温时间依次为 80 ℃/2 h、120 ℃/2 h 和 160 ℃/140 min）。

（3）冷却后，在电热板（温度设置为 130 ℃±10 ℃）上加热至消解液内的酸剩约 1 mL。

（4）将上述消解液大约 1 mL 转入容量瓶，容量瓶的规格为 25 mL 或 50 mL，用二级实验用水将移液管清洗 3 遍，并将清洗液移入容量瓶，随即用二级实验用水定容。

（5）同步做空白试验。

3）湿式消解法

（1）称量 0.2～5 g 制备好的固态食品样品，置于消化管内，称量最小精度为 0.001 g。

（2）用移液管分别在消化管内加入 10 mL $HClO_4$+HNO_3（1+9），随后在电热板上进行加热消解。

（3）如果消解结束时消解溶液颜色为浅黄色或没有颜色，且消解溶液呈透明状，说明消解彻底，便可冷却后用二级实验用水定容，定容的体积为 25 mL 或 50 mL，反之继续加适量 $HClO_4$+HNO_3（1+9）消解。

（4）同步做空白试验。

4）干式消解法

（1）称量 0.5～5 g 制备好的固态食品样品，置于坩埚内，称量最小精度为 0.001 g。

（2）小火加热坩埚，促进样品炭化，待没有烟后移入马弗炉消解，500～550 ℃下消解 6.5±1.5 h。

（3）冷却后，加几滴 HNO_3，小火继续加热，注意不要蒸干，再移入马弗炉消解，550 ℃下消解 1.5±0.5 h。

（4）试样呈现白灰状后，用适量 HNO_3 溶液（1+1）溶解转移至容量瓶（规格为 25 mL 或 50 mL）中，用二级实验用水进行定容。

（5）同步做空白试验。

3. 液态试样消解

1) 微波消解法

（1）用移液管移取 0.500～3.00 mL 制备好的液态食品样品，置于消解罐内。

（2）加入 5～10 mL HNO$_3$，加盖放置 1 h 或过夜后，进行微波消解（微波消解的三个主要条件：温度/升温时间/恒温时间依次为 140 ℃/10 min/5 min、170 ℃/5 min/10 min 和 190 ℃/5 min/20 min）。

（3）在电热板（温度设置为 130±10 ℃）上加热至消解液内的酸剩约 1 mL。

（4）将上述消解液大约 1 mL 转入容量瓶，容量瓶的规格为 25 mL 或 50 mL，用二级实验用水将移液管清洗 3 遍，并将清洗液移入容量瓶，随即用二级实验用水定容。

（5）同步做空白试验。

2) 压力罐消解法

（1）用移液管移取 0.500～5.00 mL 制备好的液态食品样品，置于消解内罐内。

（2）依次加入 5 mL HNO$_3$，将消解内罐盖子盖好，加盖放置 1 h 或过夜后，再将压力罐外套拧紧，移入恒温干燥箱消解（消解的两个主要条件：温度/恒温时间依次为 80 ℃/2 h、120 ℃/2 h 和 160 ℃/140 min）。

（3）冷却后，在电热板（温度设置为 130±10 ℃）上加热至消解液内的酸剩约 1 mL。

（4）将上述消解液大约 1 mL 转入容量瓶，容量瓶的规格为 25 mL 或 50 mL，用二级实验用水将移液管清洗 3 遍，并将清洗液移入容量瓶，随即用二级实验用水定容。

（5）同步做空白试验。

3) 湿式消解法

（1）用移液管移取 0.500～5.00 mL 制备好的液态食品样品，置于消化管内。

（2）用移液管分别在消化管内加入 10 mL HClO$_4$+HNO$_3$（1+9），随后在电热板上进行加热消解。

（3）如果消解结束的消解溶液颜色为浅黄色或没有颜色，且消解溶液呈透明状,说明消解彻底,便可冷却后用二级实验用水定容,定容的体积为 25 mL 或 50 mL,反之继续加适量 HClO₄+HNO₃(1+9)消解。

(4)同步做空白试验。

当液态样品中含乙醇或二氧化碳时,提前在电热板上低温加热将其去除后再进行湿法消解。

4)干式消解法

(1)用移液管移取 0.500～10.0 mL 制备好的液态食品样品,置于坩埚内。

(2)小火加热坩埚,促进样品炭化,待没有烟后移入马弗炉消解,500～550 ℃下消解 6.5±1.5 h。

(3)冷却后,加几滴 HNO₃,小火继续加热,注意不要蒸干,再移入马弗炉消解,550 ℃下消解 1.5±0.5 h。

(4)试样呈现白灰状后,用适量 HNO₃ 溶液(1+1)溶解转移至容量瓶(规格为 25 mL 或 50 mL)中,用二级实验用水进行定容。

(5)同步做空白试验。

4. 仪器参考条件

1)测定钾的仪器参考条件

(1)波长:766.5 nm。

(2)狭缝:0.5 nm。

(3)灯电流:8 mA。

(4)燃气流量:1.2 L/min。

(5)测定方式:发射。

2)测定钠的仪器参考条件

(1)波长:589.0 nm。

(2)狭缝:0.5 nm。

(3)灯电流:8 mA。

(4)燃气流量:1.1 L/min。

(5)测定方式:发射。

5. 标准曲线的制作

将钾、钠标准系列工作溶液的低浓度标液到高浓度标液依次用火焰光度计或原子吸收光谱仪进行测定,测定出发射强度,得出发射强度与标液浓度的线性关系。

6.试样溶液的测定

根据试样溶液中被测元素的含量,将试样溶液用水稀释至适当浓度。将消解定容稀释后的消化液(包括空白溶液和样品)用火焰光度计或原子吸收光谱仪进行测定,测定出发射强度,根据发射强度与标液浓度的线性关系,得出钾或钠的浓度。

(六)分析结果的表述

试样中钾、钠含量的计算式为

$$X=[(\rho-\rho_0) \times V \times f \times 100]/(m \times 1000)$$

式中,X——食品样品中钾或钠的含量,mg/100 g 或 mg/100 mL;

ρ——食品样品消解定容稀释液中钾或钠的质量浓度,mg/L;

ρ_0——实验室空白溶液中钾或钠的质量浓度,mg/L;

f——食品样品消解定容稀释液的稀释倍数;

V——食品样品消解定容稀释液的定容体积,mL;

100、1000——换算系数;

m——食品样品质量或移取体积,g 或 mL。

计算结果保留三位有效数字。

(七)精密度

在同样的条件下,按照同样的操作步骤将混合均匀的样品进行两次测定,计算出两次结果的平均值。再将两次中的一次测定结果减去另一次的测定结果,计算出的数据不应超过平均值的10%。

(八)其他

当固态食品样品称样量为0.5 g,或液态食品样品取样量为0.5 mL,消解完定容体积为25 mL时,本方法中钾和钠的检出限分别为0.2 mg/100 g(或0.2 mg/100 L)、0.8 mg/100 g(或0.8 mg/100 L),定量限分别为0.5 mg/100 g(或0.5 mg/100 L)、3 mg/100 g(或3 mg/100 L)。

五、磷的测定第一法——钼蓝分光光度法

（一）适用范围

本方法适用于各类食品中磷的测定。

（二）基本原理

将食品样品制备消解后,形成消化液。在酸性条件下消化液中的磷与钼酸铵反应得到磷钼酸铵,磷钼酸铵可被对苯二酚（$C_6H_6O_2$）、亚硫酸钠（Na_2SO_3）或氯化亚锡（$SnCl_2 \cdot 2H_2O$）、硫酸肼（$NH_2NH_2 \cdot H_2SO_4$）还原,得到蓝色化合物钼蓝。在一定浓度范围内,消化液中磷的浓度与钼蓝的吸光度（波长为660 nm）成正比,通过将测出的吸光度代入标准曲线线性关系公式中计算出食品中磷的浓度。

（三）试剂和材料

本方法所用的试剂为分析纯,配置试剂所用的水为三级实验用水,试剂若有其他的要求,会在试剂后备注。

1. 试剂

（1）硫酸（H_2SO_4）：优级纯。
（2）高氯酸（$HClO_4$）：优级纯。
（3）硝酸（HNO_3）：优级纯。
（4）盐酸（HCl）：优级纯。
（5）对苯二酚（$C_6H_6O_2$）。
（6）无水亚硫酸钠（Na_2SO_3）。
（7）钼酸铵。
（8）氯化亚锡（$SnCl_2 \cdot 2H_2O$）。
（9）硫酸肼（$NH_2NH_2 \cdot H_2SO_4$）。

2. 试剂的配制

试剂配制方法见表5-13所列。

表 5-13 试剂配制方法一览表

序号	所配试剂名称	所需试剂 名称	所需试剂 用量	配制过程
1	H_2SO_4 溶液（15%）	H_2SO_4	15 mL	用量筒量取 H_2SO_4，缓慢加入 80 mL 三级实验水中，冷却后用三级实验水稀释至 100 mL，混匀
		三级实验水	95 mL	
2	H_2SO_4 溶液（5%）	H_2SO_4	5 mL	用量筒量取 5 mL H_2SO_4，缓慢加入 90 mL 三级实验水中，冷却后用三级实验水稀释至 100 mL，混匀
		三级实验水	95 mL	
3	H_2SO_4 溶液（3%）	H_2SO_4	3 mL	用量筒量取 3 mL H_2SO_4，缓慢加入 90 mL 三级实验水中，冷却后用三级实验水稀释至 100 mL，混匀
		三级实验水	97 mL	
4	HCl 溶液（1+1）	HCl	500 mL	用量筒分别量取 HCl、二级实验水加入烧杯中，随后使用玻璃棒搅拌混匀
		三级实验水	500 mL	
5	钼酸铵溶液（50 g/L）	钼酸铵	5 g	用分析天平称取钼酸铵，加硫酸溶液（15%）溶解，并稀释至 100 mL，混匀
6	$C_6H_6O_2$ 溶液（5 g/L）	$C_6H_6O_2$	0.5 g	用分析天平称取 $C_6H_6O_2$ 加入 100 mL 水中，使其溶解，并加入一滴硫酸，混匀
		三级实验水	100 mL	
		硫酸	1 滴	
7	Na_2SO_3 溶液（200 g/L）	Na_2SO_3	20 g	用分析天平称取 Na_2SO_3，加入 100 mL 水中溶解，混匀。临用时配制
		三级实验水	100 mL	
8	氯化亚锡-硫酸肼溶液	氯化亚锡	0.1 g	用分析天平分别称取氯化亚锡和硫酸肼，加入硫酸溶液（3%）将其稀释至 100 mL。此溶液放置棕色瓶中，贮于 4℃ 环境中，可保存 1 个月
		硫酸肼	0.2 g	

3. 标准品

（1）磷酸二氢钾（KH_2PO_4）：纯度 >99.99%。

（2）市售有证标准物质。

磷酸二氢钾（KH_2PO_4）的唯一 CAS 编号为 7778-77-0。

4. 标准溶液的制备

标准溶液配制方法详见表 5-14 所列。

表 5-14 标准溶液配制方法一览表

序号	标准溶液名称	所需试剂	配制过程
1	磷标准储备液（100.0 mg/L）	磷酸二氢钾 0.4394g（精确至 0.0001g），三级实验水	用分析天平称取在 105 ℃下干燥至恒重的磷酸二氢钾置于烧杯中，加入适量三级实验水溶解，溶解后移入容量瓶（规格为 1000 mL）中，用二级实验水定容
2	磷标准使用液（10.0 mg/L）	磷标准储备液（100.0 mg/L）10mL，三级实验水	用移液管吸取磷标准储备液，加入容量瓶（规格为 100 mL）中，用三级实验水定容
3	磷标准系列溶液(含磷量 0 μg、5.00 μg、10.0 μg、20.0 μg、30.0 μg、40.0 μg、50.0 μg)	磷标准使用液（10.0 mg/L）0mL、0.500 mL、1.00 mL、2.00 mL、3.00 mL、4.00 mL、5.00mL，钼酸铵溶液（50 g/L）2 mL，Na_2SO_3 溶液（200 g/L）1mL，$C_6H_6O_2$ 溶液（5 g/L）1mL，三级实验水	用移液管吸取系列磷标准使用液（10.0 mg/L），分别加入比色管（规格为 25 mL）中，随后在每个容量瓶中加入钼酸铵溶液（50 g/L）、Na_2SO_3 溶液（200 g/L）、$C_6H_6O_2$ 溶液，再加三级实验水定容
4	磷标准系列溶液(含磷量 0 μg、5.00 μg、10.0 μg、20.0 μg、30.0 μg、40.0 μg、50.0 μg)	磷标准使用液（10.0 mg/L）0 mL、0.500 mL、1.00 mL、2.00 mL、3.00 mL、4.00 mL、5.00 mL，钼酸铵溶液（50 g/L）2 mL，氯化亚锡 - 硫酸肼溶液 0.5 mL，三级实验水，H_2SO_4 溶液（5%）2.5 mL	用移液管吸取系列磷标准使用液（10.0 mg/L），分别加入比色管（规格为 25 mL）中，随后在每个容量瓶中加入 15 mL 三级实验水、钼酸铵溶液（50 g/L）、氯化亚锡 - 硫酸肼溶液，再加三级实验水定容

注：也可用市售标准物质配置。

（四）仪器和设备

（1）分光光度计。

（2）可调式电热板或可调式电热炉。

（3）马弗炉。

（4）分析天平。

（五）分析步骤

1. 试样制备

（1）粮食、豆类样品

样品去除杂质后，粉碎，存放在塑料瓶中。

（2）蔬菜、水果、鱼类、肉类等样品

样品应清洗干净，自然晾干，用匀浆机将样品可以食用的部分匀浆，存放在塑料瓶中。

（3）液态样品

需将液态样品应摇匀。

食品样品在采样及制备环节不能被污染。

2. 固态食品样品消解

1）湿法消解

（1）称量 0.2～3 g 制备好的固态食品样品，置于消化管内，称量最小精度为 0.001g。

（2）用移液管分别在消化管内加入 10 mL HNO_3，1 mL $HClO_4$，2 mL H_2SO_4，随后在电热板上进行加热消解。

（3）如果消解结束时消解溶液颜色为浅黄色或没有颜色，且消解溶液呈透明状，说明消解彻底，反之继续加适量 HNO_3 消解。

（4）消解后加 20 mL 三级实验用水，赶酸，放冷后移入容量瓶（规格为 100 mL、25 mL），用三级实验用水将转移容器清洗 3 遍，并将清洗液移入容量瓶，随即用三级实验用水定容。

（5）同步做空白试验。

2）干法灰化

（1）称量 0.5～5 g 制备好的固态食品样品，置于坩埚内，称量最小精度为 0.001 g。

（2）小火加热坩埚，促进样品炭化，没有烟后移入马弗炉消解，550 ℃下消解 3.5 ± 0.5 h。

（3）冷却后，加几滴 HNO_3，小火继续加热，当心不要蒸干，再移入马弗炉内消解，550 ℃下消解 1.5 ± 0.5 h。

（4）试样呈现白灰状后，加 10 mL HCl 溶液（1+1），水浴蒸干。再加入 2 mL HCl 溶液（1+1）溶解，转移至容量瓶（规格为 100 mL）中，用三级实验用水洗涤坩埚 3 次并进行定容。

（5）同步做空白试验。

3. 液态食品样品消解

1）湿法消解

（1）用移液管移取 0.500 ～ 5.00 mL 制备好的液态食品样品，置于消化管内。

（2）用移液管分别在消化管内加入 10 mL HNO_3，1 mL $HClO_4$，2 mL H_2SO_4，随后在电热板上进行加热消解。

（3）如果消解结束时消解溶液颜色为浅黄色或没有颜色，且消解溶液呈透明状，说明消解彻底，反之继续加适量 HNO_3 消解。

（4）消解后加 20 mL 三级实验用水，赶酸，放冷后移入容量瓶（规格为 100 mL、25 mL），用三级实验用水将留液管清洗 3 遍，并将清洗液移入容量瓶，随即用三级实验用水定容。

（5）同步做空白试验。

2）干法灰化

（1）用移液管移取 0.500 ～ 10.0 mL 制备好的液态食品样品，置于坩埚内。

（2）小火加热坩埚，促进样品炭化，没有烟后移入马弗炉消解，550 ℃下消解 3.5 ± 0.5 h。

（3）冷却后，加几滴 HNO_3，小火继续加热，当心蒸干，再移入马弗炉消解，550 ℃下消解 1.5 ± 0.5 h。

（4）试样呈现白灰状后，加入 10 mL HCl 溶液（1+1），水浴蒸干，再加入 2 mL HCl 溶液（1+1）溶解，转移至容量瓶（规格为 100 mL）中，用三级实验用水洗涤坩埚 3 次并进行定容。

（5）同步做空白试验。

4. 测定

1）对苯二酚、亚硫酸钠还原法

（1）标准曲线的制作

将现用现配的磷标准系列溶液静置 30 min 后，再将磷标准系列溶液的低浓度标液到高浓度标液依次用分光光度计（波长 660 nm，比色皿 1 cm）进行测定，以零管作参比，测定出吸光度，得出吸光度与标液中磷含量的线性关系。

（2）试样溶液的测定

将 2 mL 消化液（包括空白溶液和样品）置于比色试管（规格为 25 mL）中，依次加入钼酸铵溶液（50 g/L）2 mL、Na_2SO_3 溶液（200 g/L）1 mL、$C_6H_6O_2$ 溶液（5 g/L）1 mL，再加三级实验水定容。静置 30 min 后，用分光光度计（波长 660 nm，比色皿 1 cm）进行测定，测定出吸光度，根据吸光度与标液磷含量的线性关系，得出磷的含量。

2）氯化亚锡、硫酸肼还原法

（1）标准曲线的制作

将现用现配的磷标准系列溶液静置 20 min 后，再将磷标准系列溶液的低浓度标液到高浓度标液依次用分光光度计（波长 660 nm，比色皿 1 cm）进行测定，以零管作参比，测定出吸光度，得出吸光度与标液中磷含量的线性关系。

（2）试样溶液的测定

将 2 mL 消化液（包括空白溶液和样品）置于比色试管（规格为 25 mL）中，依次加入三级实验水 15 mL、H_2SO_4 溶液（5%）2.5 mL、钼酸铵溶液（50 g/L）2 mL、氯化亚锡-硫酸肼溶液 0.5 mL，再加三级实验水定容。静置 20 min 后，用分光光度计（波长 660 nm，比色皿 1 cm）进行测定，测定出吸光度，根据吸光度与标液磷含量的线性关系，得出磷的含量。

（六）分析结果的表述

试样中磷的含量计算式为

$$X=[(m_1-m_0) \times V_1 \times 100]/(m \times V_2 \times 1000)$$

式中，X——食品样品中磷的含量，mg/100 g 或 mg/100 mL；

m_1——食品样品消解定容液测定用溶液中磷的质量浓度，μg；

m_0——实验室空白溶液中磷的质量浓度，μg；
V_1——食品样品消解定容液的体积，mL；
V_2——食品样品消解定容液测定用溶液的体积，mL；
m——食品样品质量或移取体积，g 或 mL；
100、1000——换算系数。

计算结果保留三位有效数字。

（七）精密度

在同样的条件下，按照同样的操作步骤将混合均匀的样品进行两次测定，计算出两次结果的平均值。再将两次中的一次测定结果减去另一次的测定结果，得出的数据不应超过平均值的5%。

（八）其他

当固态食品样品称样量为 0.5 g，或液态食品样品取样量为 0.5 mL，消解完定容体积为 100 mL 时，本方法的检出限为 20 mg/100 g（或 20 mg/100 mL），定量限为 60 mg/100 g（或 60 mg/100 mL）。

六、磷的测定第二法——钒钼黄分光光度法

（一）适用范围

本方法适用于各类食品中磷的测定。

（二）基本原理

将食品样品制备消解后，形成消化液。在酸性条件下消化液中的磷与钒钼酸铵反应得到黄色络合物钒钼黄。在一定浓度范围内，消化液中磷的浓度与钒钼黄吸光度（波长为 440 nm）成正比，通过将测出的吸光度代入标准曲线线性关系公式中计算出食品中磷的浓度。

（三）试剂和材料

本方法所用的试剂为分析纯，配置试剂所用的水为三级实验用水，试剂若有其他的要求，会在试剂后备注。

1. 试剂

（1）高氯酸（HClO$_4$）：优级纯。
（2）硝酸（HNO$_3$）：优级纯。
（3）硫酸（H$_2$SO$_4$）：优级纯。
（4）钼酸铵。
（5）偏钒酸铵（NH$_4$VO$_3$）。
（6）氢氧化钠（NaOH）。
（7）2,6-二硝基酚。
（8）2,4-二硝基酚。

2. 试剂的配制

试剂配制方法详见表 5-15 所列。

表 5-15 试剂配制方法一览表

序号	所配试剂名称	所需试剂名称	用量	配制过程
1	钒钼酸铵试剂 HNO$_3$ 溶液（5+95）	钼酸铵	25 g	A 液：用分析天平称取钼酸铵，加入 400 mL 三级实验水将钼酸铵溶解。B 液：用分析天平称取 NH$_4$VO$_3$，加入 300 mL 沸腾的三级实验水将 NH$_4$VO$_3$ 溶解，冷却后加入 250 mL HNO$_3$。将 A 液慢慢加入 B 液中，使用玻璃棒搅拌均匀，溶解后转入 1000 mL 容量瓶，用三级实验水进行定容。存放在棕色瓶中
1	钒钼酸铵试剂 HNO$_3$ 溶液（5+95）	三级实验水	—	同上
1	钒钼酸铵试剂 HNO$_3$ 溶液（5+95）	NH$_4$VO$_3$	1.25 g	同上
1	钒钼酸铵试剂 HNO$_3$ 溶液（5+95）	HNO$_3$	250 mL	同上
2	NaOH 溶液（6 mol/L）	NaOH	240 g	用分析天平称取 NaOH，加入少量三级实验水将 NaOH 溶解，溶解后转入 1000 mL 容量瓶，用三级实验水进行定容
2	NaOH 溶液（6 mol/L）	三级实验水	1000 mL	同上
3	NaOH 溶液（0.1 mol/L）	NaOH	4 g	用分析天平称取 NaOH，加入少量三级实验水将 NaOH 溶解，溶解后转入 1000 mL 容量瓶，用三级实验水进行定容
3	NaOH 溶液（0.1 mol/L）	三级实验水	1000 mL	同上

续表

序号	所配试剂名称	所需试剂 名称	所需试剂 用量	配制过程
4	HNO_3 溶液（0.2 mol/L）	HNO_3	12.5 mL	用量筒分别量取 HNO_3、三级实验水加入烧杯中,随后使用玻璃棒搅拌混匀,转入 1000 mL 容量瓶,用三级实验水进行定容
		三级实验水	—	
5	二硝基酚指示剂(2 g/L)	2,6-二硝基酚或2,4-二硝基酚	0.2 g	用分析天平称取 2,6-二硝基酚或 2,4-二硝基酚,加入少量三级实验水将 2,6-二硝基酚或 2,4-二硝基酚溶解,溶解后转入 100 mL 容量瓶,用三级实验水进行定容
		三级实验水	100 mL	

3. 标准品

（1）磷酸二氢钾：纯度大于 99.99%。

（2）市售有证标准物质。

磷酸二氢钾的唯一 CAS 编号为 7778-77-0。

4. 标准溶液的制备

标准溶液配制方法详见表 5-16 所列。

表 5-16 标准溶液配制方法一览表

序号	标准溶液名称	所需试剂	配制过程
1	磷标准储备液（50.0 mg/L）	磷酸二氢钾 0.2197 g（精确至 0.0001 g），三级实验水	用分析天平称取在 105 ℃下干燥至恒重的磷酸二氢钾置于烧杯中,加入适量三级实验水溶解,溶解后移入容量瓶(规格为 1000 mL),用二级实验水定容。4 ℃保存
2	磷标准系列溶液（单位 mg/L）（0、2.50、5.00、7.50、10.0、15.0）	磷标准使用液（10.0 mg/L）（单位 mL）0、2.50、5.00、7.50、10.0、15.0,钒钼酸铵试剂 10 mL,三级实验水	用移液管吸取系列磷标准使用液（10.0 mg/L),分别加入比色管(规格为 50 mL),随后在每个容量瓶中加入钒钼酸铵试剂,再加三级实验水定容

注：也可用市售标准物质配置。

（四）仪器和设备

（1）分光光度计。

（2）可调式电热板或可调式电热炉。

（3）马弗炉。

（4）分析天平。

（五）分析步骤

1. 食品样品制备

（1）粮食、豆类样品

样品去除杂质后，粉碎，存放在塑料瓶中。

（2）蔬菜、水果、鱼类、肉类等样品

样品应清洗干净，自然晾干，用匀浆机将样品可以食用的部分匀浆，存放在塑料瓶中。

（3）液态样品

液态样品应摇匀。

食品样品在采样及制备环节不能被污染。

2. 固态食品样品消解

1）湿法消解

（1）称量 0.2～3 g 制备好的固态食品样品，置于消化管内，称量最小精度为 0.001 g。

（2）用移液管分别在消化管内加入 10 mL HNO_3，1 mL $HClO_4$，2 mL H_2SO_4，随后在电热板上进行加热消解。

（3）如果消解结束时消解溶液颜色为浅黄色或没有颜色，且消解溶液呈透明状，说明消解彻底，反之继续加适量 HNO_3 消解。

（4）消解后加 20 mL 三级实验用水，赶酸，放冷后移入容量瓶（规格为 100 mL、25 mL），用三级实验用水将移液管清洗 3 遍，并将清洗液移入容量瓶，随即用三级实验用水定容。

（5）同步做空白试验。

2）干法灰化

（1）称量 0.5～5 g 制备好的固态食品样品，置于坩埚内，称量最小精度为 0.001 g。

（2）小火加热坩埚,促进样品炭化,待没有烟后移入马弗炉消解,550 ℃下消解 3.5 ± 0.5 h。

（3）冷却后,加几滴 HNO_3,小火继续加热,当心蒸干,再移入马弗炉消解,550 ℃下消解 1.5 ± 0.5 h。

（4）试样呈现白灰状后,加 10 mL HCl 溶液（1+1）,水浴蒸干。再加入 2 mL HCl 溶液（1+1）溶解,移至容量瓶（规格为 100 mL）中,用三级实验用水洗涤坩埚 3 次并进行定容。

（5）同步做空白试验。

3. 液态食品样品消解

1）湿法消解

（1）用移液管移取 0.500～5.00 mL 制备好的液态食品样品,置于消化管内。

（2）用移液管分别在消化管内加入 10 mL HNO_3,1 mL $HClO_4$,2 mL H_2SO_4,随后在电热板上进行加热消解。

（3）如果消解结束时消解溶液颜色为浅黄色或没有颜色,且消解溶液呈透明状,说明消解彻底,反之继续加适量 HNO_3 消解。

（4）消解后加 20 mL 三级实验用水,赶酸,放冷后移入容量瓶（规格为 100 mL、25 mL）,用三级实验用水清洗 3 遍,并将清洗液移入容量瓶,随即用三级实验用水定容。

（5）同步做空白试验。

2）干法灰化

（1）用移液管移取 0.500～10.0 mL 制备好的液态食品样品,置于坩埚内。

（2）小火加热坩埚,促进样品炭化,待没有烟后移入马弗炉消解,550 ℃下消解 3.5 ± 0.5 h。

（3）冷却后,加几滴 HNO_3,小火继续加热,当心蒸干,再移入马弗炉消解,550 ℃下消解 1.5 ± 0.5 h。

（4）试样呈现白灰状后,加 10 mL HCl 溶液（1+1）,水浴蒸干。再加入 2 mL HCl 溶液（1+1）溶解,转移至容量瓶（规格为 100 mL）中,用三级实验用水洗涤坩埚 3 次并进行定容。

（5）同步做空白试验。

4. 标准曲线的制作

将现用现配的磷标准系列溶液在 27.5 ± 2.5 ℃显色 15 min 后,再将磷标准系列溶液的低浓度标液到高浓度标液依次用分光光度计(波长 440 nm,比色皿 1 cm)进行测定,以零管作参比,测定出吸光度,得出吸光度与标液中磷含量的线性关系。

5. 试样溶液的测定

将 10 mL 消化液(包括空白溶液和样品)置于比色试管(规格为 50 mL)中,加入少量三级实验水,再加入二硝基酚指示剂(2 g/L)2 滴,先用 NaOH 溶液(6 mol/L)调至消化液呈黄色,再用 HNO_3 溶液(0.2 mol/L)调至消化液为无色,最后用 NaOH 溶液(0.1 mol/L)调至消化液呈浅黄色,再加入钒钼酸铵试剂 10 mL,最后加三级实验水定容。用分光光度计(波长 440 nm,比色皿 1 cm)进行测定,测定出吸光度,根据吸光度与标液磷含量的线性关系,得出磷的含量。

(六)分析结果的表述

试样中磷的含量计算式为

$$X=[(\rho-\rho_0) \times V \times V_2 \times 100]/(m \times V_1 \times 1000)$$

式中,X——食品样品中磷的含量,mg/100 g 或 mg/100 mL;

ρ——食品样品消解定容液测定用溶液中磷的质量浓度,mg/L;

ρ_0——实验室空白溶液中磷的质量浓度,mg/L;

V——食品样品消解定容液的体积,mL;

V_2——食品样品消解定容液测定用溶液比色定容溶液的体积,mL;

m——食品样品质量或移取体积,g 或 mL;

V_1——食品样品消解定容液测定用溶液的体积,mL;

100、1000——换算系数。

计算结果保留三位有效数字。

(七)精密度

在同样的条件下,按照同样的操作步骤将混合均匀的样品进行两次测定,计算出两次结果的平均值。再将两次中的一次测定结果减去另一次的测定结果,得出的数据不应超过平均值的 5%。

（八）其他

当固态食品样品称样量为 0.5 g，或液态食品样品取样量为 0.5 mL，消解完定容体积为 100 mL 时，本方法的检出限为 20 mg/100 g（或 20 mg/100 mL），定量限为 60 mg/100 g（或 60 mg/100 mL）。

七、铁的测定

（一）适用范围

本方法适用于食品样品中铁的测定。

（二）基本原理

将食品样品经过各项消解方法消解完后，形成的溶液转入金属设备中，在原子化器中完成原子化，在一定浓度范围内，稀释液中铁的浓度与吸光度（波长为 248.3 nm）成正比，通过将测出的吸光度代入标准曲线线性关系公式中计算出食品中铁的浓度。

（三）试剂和材料

本方法所用的试剂为优级纯，配置试剂所用的水为二级实验用水，试剂若有其他的要求，会在试剂后备注。

1. 试剂

（1）硝酸（HNO_3）。
（2）高氯酸（$HClO_4$）。
（3）硫酸（H_2SO_4）

2. 试剂配制

试剂配制方法详见表 5-17 所列。

表5-17 试剂配制方法一览表

序号	所配试剂名称	所需试剂 名称	所需试剂 用量	配制过程
1	HNO₃溶液（5+95）	HNO₃	50 mL	用量筒分别量取HNO₃、二级实验水加入烧杯，随后使用玻璃棒搅拌混匀
		二级实验水	950 mL	
2	HNO₃溶液（1+1）	HNO₃	250 mL	用量筒分别量取HNO₃、二级实验水加入烧杯，随后使用玻璃棒搅拌混匀
		二级实验水	250 mL	
3	H₂SO₄溶液（1+3）	H₂SO₄	50 mL	用量筒分别量取H₂SO₄、二级实验水加入烧杯，随后使用玻璃棒搅拌混匀
		二级实验水	150 mL	

3. 标准品

（1）硫酸铁铵：纯度大于99.99%。

（2）市售有证标准物质。

硫酸铁铵的唯一CAS编号为7783-83-7。

4. 标准溶液配制

标准溶液配制方法详见表5-18所列。

表5-18 标准溶液配制方法一览表

序号	标准溶液名称	所需试剂	配制过程
1	铁标准储备液（1000 mg/L）	硫酸铁铵0.8631 g（最小精度至0.0001 g），H₂SO₄溶液（1+3）1 mL，二级实验水	用分析天平称取硫酸铁铵，加入适量二级实验水、H₂SO₄溶液（1+3）将硫酸铁铵溶解，溶解后移入容量瓶（规格为100 mL），用二级实验水定容
2	铁标准中间液（100 mg/L）	铁标准储备液（1000 mg/L）10 mL，硝酸溶液（5+95）	用移液管吸取铁标准储备液，加入容量瓶（规格为100 mL），用HNO₃溶液（5+95）定容
3	铁标准系列溶液（单位mg/L）（0、0.500、1.00、2.00、4.00和6.00）	铁标准中间液（100 mg/L）（单位mL）0、0.500、1.00、2.00、4.00和6.00；HNO₃溶液（5+95）	用移液管吸取系列钙标准中间液，分别加入容量瓶（规格为100 mL），再加HNO₃溶液（5+95）定容

续表

序号	标准溶液名称	所需试剂	配制过程

注1：也可用市售标准物质配置。
注2：标准溶液浓度可根据实际情况配制。

（四）仪器设备

（1）火焰原子吸收光度计。

（2）分析天平。

（3）微波消解仪：配聚四氟乙烯消解内罐。

（4）可调式电热炉。

（5）可调式电热板。

（6）压力消解罐：配聚四氟乙烯消解内罐。

（7）恒温干燥箱。

（8）马弗炉。

全部直接接触食品样品消化液或稀释液的容器用20%的硝酸浸泡放置过夜，随后依次用自来水、二级实验用水清洗干净。

（五）分析步骤

1. 食品样品制备

（1）粮食、豆类样品

样品去除杂质后，粉碎，存放在塑料瓶中。

（2）蔬菜、水果、鱼类、肉类等样品

样品应清洗干净，自然晾干，用匀浆机将样品可以食用的部分匀浆，存放在塑料瓶中。

（3）液态样品

液态样品应摇匀。

食品样品在采样及制备环节不能被污染。

2. 固态食品样品消解

1）湿法消解

（1）称量0.2～3 g制备好的固态食品样品，置于消化管内，称量最小精度为0.001 g。

（2）用移液管分别在消化管内加入 10 mL HNO$_3$，0.5 mL HClO$_4$，随后在电热板上进行加热消解。

（3）如果消解结束时消解溶液颜色为浅黄色或没有颜色，且消解溶液呈透明状，说明消解彻底，便可冷却后用二级实验用水 3 次洗涤并定容，定容的体积为 25 mL，反之继续加适量 HNO$_3$ 消解。

（4）同步做空白试验。

2）微波消解

（1）称量 0.2～0.8 g 制备好的固态食品样品，置于消解罐内，称量最小精度为 0.001 g。

（2）依次加入 5 mL HNO$_3$ 进行微波消解（微波消解的三个主要条件：温度/升温时间/恒温时间依次为 120 ℃/5 min/5 min、160 ℃/5 min/10 min 和 180 ℃/5 min/10 min）。

（3）在电热板（温度设置为 150±10 ℃）上加热至消解液内的酸剩约 1 mL。

（4）将上述消解液大约 1 mL 转入容量瓶，容量瓶的规格为 25 mL，用二级实验用水将移液管清洗 3 遍，并将清洗液移入容量瓶，随即用二级实验用水定容。

（5）同步做空白试验。

3）压力罐消解

（1）称量 0.3～2 g 制备好的固态食品样品，置于消解内罐内，称量最小精度为 0.001 g。

（2）依次加入 5 mL HNO$_3$，将消解内罐盖子盖好，再将压力罐外套拧紧，移入恒温干燥箱内进行消解，恒温干燥箱的温度设置为 150 ℃，根据需要可上下浮动 10 ℃，时间设置为 4.5 h，根据需要可上下浮动 0.5 h。

（3）冷却后，在电热板（温度设置为 150±10 ℃）上加热至消解液内的酸剩约 1 mL。

（4）将上述消解液大约 1 mL 转入容量瓶，容量瓶的规格为 25 mL，用二级实验用水将移液管清洗 3 遍，并将清洗液移入容量瓶，随即用二级实验用水定容。

（5）同步做空白试验。

4）干法灰化

（1）称量 0.5～3 g 制备好的固态食品样品，置于坩埚内，称量最小精度为 0.001 g。

（2）小火加热坩埚，促进样品炭化，待没有烟后移入马弗炉消解，550 ℃下消解 3.5 ± 0.5 h。

（3）冷却后，加几滴 HNO_3，小火继续加热，当心蒸干，再移入马弗炉消解，550 ℃下消解 1.5 ± 0.5 h。

（4）试样呈现白灰状后，用适量 HNO_3 溶液（1+1）溶解转移至容量瓶（规格为 25 mL）中，用二级实验用水多次洗涤并进行定容。

（5）同步做空白试验。

3. 液态食品样品消解

1）湿法消解

（1）用移液管吸取制备好的液态食品样品，吸取体积为 3 mL 左右，转入消化管内。

（2）用移液管分别在消化管内加入 10 mL HNO_3，0.5 mL $HClO_4$，随后在电热板上进行加热消解。

（3）如果消解结束时消解溶液颜色为浅黄色或没有颜色，且消解溶液呈透明状，说明消解彻底，便可冷却后用二级实验用水 3 次洗涤并定容，定容的体积为 25 mL，反之继续加适量 HNO_3 消解。

（4）同步做空白试验。

2）微波消解

（1）用移液管移取 1.00～3.00 mL 制备好的液态食品样品，置于消解罐内。

（2）依次加入 5 mL HNO_3 进行微波消解（微波消解的三个主要条件：温度/升温时间/恒温时间依次为 120 ℃/5 min/5 min、160 ℃/5 min/10 min 和 180 ℃/5 min/10 min）。

（3）在电热板（温度设置为 150 ± 10 ℃）上加热于消解液内的酸剩约 1 mL。

（4）将上述消解液大约 1 mL 转入容量瓶，容量瓶的规格为 25 mL，用二级实验用水清洗 3 遍，并将清洗液移入容量瓶，随即用二级实验用水定容。

（5）同步做空白试验。

3）压力罐消解

（1）用移液管吸取制备好的液态食品样品，吸取体积为 3 mL 左右，转入消化管内。

（2）依次加入 5 mL HNO₃，将消解内罐盖子盖好，再将压力罐外套拧紧，移入恒温干燥箱内进行消解，恒温干燥箱的温度设置为 150 ℃，根据需要可上下浮动 10 ℃，时间设置为 4.5 h，根据需要可上下浮动 0.5 h。

（3）冷却后，在电热板（温度设置为 150 ± 10 ℃）上加热至消解液内的酸剩约 1 mL。

（4）将上述消解液大约 1 mL 转入容量瓶，容量瓶的规格为 25 mL，用二级实验用水将移液管清洗 3 遍，并将清洗液移入容量瓶，随即用二级实验用水定容。

（5）同步做空白试验。

4）干法灰化

（1）用移液管移取 2.00～5.00 mL 制备好的液态食品样品，置于坩埚内。

（2）小火加热坩埚，促进样品炭化，没有烟后移入马弗炉消解，550 ℃ 下消解 3.5 ± 0.5 h。

（3）冷却后，加几滴 HNO₃，小火继续加热，当心蒸干，再移入马弗炉消解，550 ℃ 下消解 1.5 ± 0.5 h。

（4）试样呈现白灰状后，用适量 HNO₃ 溶液（1+1）溶解转移至容量瓶（规格为 25 mL）中，用二级实验用水多次洗涤并进行定容。

（5）同步做空白试验。

4. 测定

1）仪器测试条件

（1）元素：铁。

（2）波长：248.3 nm。

（3）狭缝：0.2 nm。

（4）灯电流：10 ± 5 mA。

（5）燃烧头高度：3 mm。

（6）空气流量：9 L/min。

（7）乙炔流量：2 L/min。

2）标准曲线的制作

将铁标准系列溶液的低浓度标液到高浓度标液依次用火焰原子吸收光度计进行测定，测定出吸光度，得出吸光度与标液浓度的线性关系。

3）试样测定

将前述最终进行定容或定容后稀释的溶液用分析设备进行测定，测定食品样品和实验空白溶液的吸光度，代入已制作出的线性关系公式，计算得出铁的浓度。

（六）分析结果的表述

试样中铁的含量计算式为

$$X=(\rho-\rho_0)\times V/m$$

式中，X——食品样品中铁的含量，mg/kg 或 mg/L；

ρ——食品样品消解定容液中铁的质量浓度，mg/L；

ρ_0——实验室空白溶液中铁的质量浓度，mg/L；

V——食品样品消解定容液的定容体积，mL；

m——食品样品质量或移取体积，g 或 mL。

计算结果有效数字保留位数与铁含量的大小有关，分为两种情形：当铁含量不小于 10.0 mg/kg 或 10.0 mg/L 时，保留三位有效数字；当铁含量小于 10.0 mg/kg 或 10.0 mg/L 时，保留两位有效数字。

（七）精密度

在同样的条件下，按照同样的操作步骤将混合均匀的样品进行两次测定，计算出两次结果的平均值。再将两次中的一次测定结果减去另一次的测定结果，得出的数据不应超过平均值的 10%。

（八）其他

当固态食品样品称样量为 0.5 g，或液态食品样品取样量为 0.5 mL，消解完定容体积为 25 mL 时，本方法的检出限为 0.75 mg/kg（或 0.75 mg/L），定量限为 2.5 mg/kg（或 2.5 mg/L）。

第六章 食品添加剂的测定

第一节 概 述

食品添加剂是指在制作和保存食品过程中添加的化学物质,它们可以改善或增强食品的口感、色泽、防腐性等性质。然而,食品添加剂也可能对人体健康构成潜在威胁。因此,对食品添加剂的检测有着重要的意义。

首先,食品添加剂检测可以保证食品安全。不同类型的食品添加剂具有不同的化学性质和功能,一些添加剂可能会被身体吸收、代谢或排泄,但也有一些添加剂会留存在人体内,长时间摄入可能会对健康产生潜在危害。例如,某些食品添加剂可能会导致致癌性物质形成、肝损伤以及过敏反应等问题。通过检测可以判断添加剂是否在一定的限值范围内,以确保食品安全。

其次,通过检测食品添加剂可以避免欺诈行为。近年来,一些食品生产企业为了追求利润,采用非法手段添加一些不允许使用的物质(如某些禁用的食品添加剂),或者添加过量的允许使用的物质,以达到降低成本、改善感官品质等目的。通过对食品添加剂进行检测,可以及时发现和防范这些欺诈行为,保证市场的公平竞争。

最后,食品添加剂检测有助于提高食品生产企业的信誉。在现代社会,消费者越来越关注食品安全问题,他们会选择更加可靠的企业和品牌。一些企业为了追求短期利益,采用不当手段,违规添加食品添加剂,其行为会使消费者对企业失去信任。而通过对食品添加剂的检测,企业可以证明自己产品的安全性和合法性,增强消费者的信心,从而提升企业的声誉和品牌价值。

综上所述,食品添加剂检测具有非常重要的意义。它能够帮助我们确保食品中添加剂的含量在安全范围内,避免欺诈行为,提高企业信誉度。因此,加强检测工作,制定更加严格的监管措施,既能够保障消费者的健康权益,又能够促进食品行业的健康发展。

第二节 甜味剂的测定

一、甜蜜素的测定

本测定方法中的一些试剂存在毒性,一些试剂存在腐蚀性,使用时须小心。如溅到皮肤上应立即用水冲洗,严重者应立即去医院治疗。使用剧毒品时,应严格按照有关规定管理;使用时应避免吸入或与皮肤接触,必要时应在通风橱中进行操作。

(一)适用范围

本方法适用于食品添加剂环己基氨基磺酸钠(也叫甜蜜素)的测定。

(二)化学名称、分子式、结构式和相对分子质量

1. 化学名称

环己基氨基磺酸钠。

2. 分子式

$C_6H_{12}NNaO_3S \cdot nH_2O$(无水品 $n=0$,结晶品 $n=2$)

3. 结构式

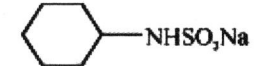

4. 相对分子质量

无水品 201.22；结晶品 237.25（按 2007 年国际相对原子质量）。

（三）基本原理

干燥后的试样以冰乙酸为溶剂，在 1-萘酚苯指示液存在下，用 0.1 mol/L 的 $HClO_4$ 溶液进行滴定，达到终点后，观察滴定管中的体积变化，记录下来，再通过公式计算食品添加剂甜蜜素的含量。

（四）试剂和材料

本方法所用的试剂为分析纯，配置试剂所用的水为三级实验用水，试剂若有其他的要求，会在试剂后备注。本测定方法中所用的试剂、标物溶液制作须严格按照国家标准规范进行，制作所用的溶液没说明的情况下是指水溶液，其他形式制作的溶液会单独说明。

试剂配制方法详见表 6-1 所列。

表 6-1 试剂配制方法一览表

序号	所配试剂名称	浓度	配制过程
1	冰乙酸	—	—
2	高氯酸标准滴定溶液	0.1 mol/L	—
3	1-萘酚苯指示液	2 g/L	用分析天平称取 1-萘酚苯 0.2 g，溶于冰乙酸中，用冰乙酸稀释至 100 mL

（五）分析步骤

（1）将食品添加剂样品进行干燥，混合均匀，用分析天平称取 0.3 g，最小精度为 0.0002 g。

（2）将所称取的食品添加剂转入规格为 100 mL 的烧杯中，再在烧杯中加入冰乙酸 30 mL。

（3）对烧杯进行加热，促进溶解，溶解后冷却到室温。

（4）在烧杯中加入 1-萘酚苯指示液 6 滴。

（5）随后用高氯酸标准滴定溶液滴定，烧杯中的溶液由黄色变为绿色为终点。

（6）同步做空白试验。

（六）结果计算

甜蜜素含量的质量分数 w_1 的计算式为

$$w_1 = [(V_1 - V_2) \times c \times M] / (m \times 1000) \times 100\%$$

式中，V_1——食品添加剂样品所耗滴定标液的体积，mL；

V_2——实验室空白溶液所耗滴定标液的体积，mL；

c——滴定标液的浓度，mol/L；

M——甜蜜素的摩尔质量为 201.22，g/mol；

m——食品添加剂样品的质量，g；

1000——换算系数。

以平行测定结果的算术平均值报实验结果，本方法的结果是以干基计。

（七）精密度

在同样的条件下，按照同样的操作步骤将混合均匀的样品进行两次测定，计算出两次结果的平均值。再将两次中的一次测定结果减去另一次的测定结果，得出的数据不应超过平均值的 0.3%。

二、木糖醇的测定第一法——气相色谱法

（一）适用范围

本方法适用于食品添加剂木糖醇的测定。

（二）分子式、结构式和相对分子量

1. 分子式

$C_5H_{12}O_5$

2. 结构式

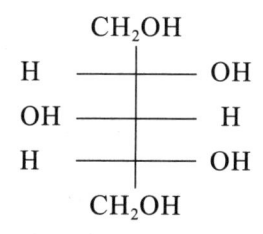

```
        CH₂OH
    H ──┼── OH
   OH ──┼── H
    H ──┼── OH
        CH₂OH
```

3. 相对分子质量

152.15（按 2013 年国际相对原子质量）。

（三）基本原理

先将系列标准溶液乙酰化，再用气相色谱仪检测，得到线性关系公式。再将食品添加剂进行乙酰化，用气相色谱仪检测，利用线性关系公式得到食品添加剂木糖醇的浓度。定性依据是标准溶液中木糖醇的保留时间，定量方法是内标法。

（四）试剂和材料

本方法所用的试剂为分析纯，配置试剂所用的水为三级实验用水，试剂若有其他的要求，会在试剂后备注。本方法中所用的试剂、标物溶液制作需严格按照国家标准规范进行，制作所用的溶液没说明的情况下是指水溶液，其他形式制作的溶液会单独说明。

(1) 无水乙醇。

(2) 吡啶。

(3) 乙酸酐。

(4) 木糖醇标准品。

(5) 甘露糖醇标准品。

(6) 半乳糖醇标准品。

(7) L-阿拉伯糖醇标准品。

(8) 山梨糖醇标准品。

(9) 赤藓糖醇标准品（内标物）。

（五）仪器和设备

(1) 气相色谱仪：配氢火焰离子化检测器。

(2) 天平。

(3) 水浴锅。

(4) 干燥箱。

（六）参考色谱条件

（1）色谱柱。

（2）升温程序。

①初温 170 ℃,10 min。

②升至 180 ℃,10 min,每分钟升温 1 ℃。

③升至 240 ℃,5 min,每分钟升温 30 ℃。

（3）进样口温度：240 ℃。

（4）检测器温度：250 ℃。

（5）载气：氮气。

（6）载气流速：2.0 mL/min。

（7）氢气：50 mL/min。

（8）空气：50 mL/min。

（9）分流比：1∶100。

（10）进样量：1.0 μL。

（七）分析步骤

1. 内标溶液的制备

用分析天平称取赤藓糖醇标准品（内标物）500 mg,最小精度为 0.0001 g,加入少量三级实验水将其溶解,溶解后转入 25 mL 容量瓶,用三级实验水进行定容。

2. 标准溶液的制备

（1）用分析天平分别称取 25 mg 甘露糖醇、25 mg 半乳糖醇、25 mg L-阿拉伯糖醇、25 mg 山梨糖醇和 4.9 g 木糖醇标准品,最小精度为 0.0001 g,加入少量三级实验水将其溶解,随后转入规格为 100 mL 的容量瓶,再用三级实验水添加到容量瓶的刻度线。

（2）用移液管吸取 1 mL 步骤（1）所配置的标准溶液,转入圆底烧瓶（规格为 100 mL）,加入内标溶液 1.0 mL,水浴旋转蒸干,温度设置为 60 ℃,再加入无水乙醇 1 mL,振摇使其溶解,再次水浴旋转蒸干,温度设置为 60 ℃。

（3）加入吡啶 1 mL 使残渣溶解,加入乙酸酐 1 mL,盖紧圆底烧瓶的盖子,涡旋混合 0.5 min,在干燥箱中干燥,温度设置为 70 ℃,时间设置为 0.5 h,干燥结束后取出冷却。

3. 试样溶液的配制

(1)用分析天平称取约 5 g 的试样,最小精度为 0.0001 g,加入少量三级实验水将其溶解,随后转入规格为 100 mL 的容量瓶,再用三级实验水添加到容量瓶的刻度线。

(2)用移液管吸取 1 mL 步骤(1)所配置的标准溶液,转入圆底烧瓶(规格为 100 mL),加入内标溶液 1.0 mL,水浴旋转蒸干,温度设置为 60 ℃,再加入无水乙醇 1 mL,振摇使其溶解,再次水浴旋转蒸干,温度设置为 60 ℃。

(3)加入吡啶 1 mL 使残渣溶解,加入乙酸酐 1 mL,盖紧圆底烧瓶的盖子,涡旋混合 0.5 min,在干燥箱中干燥,温度设置为 70 ℃,时间设置为 0.5 h,干燥结束后取出冷却。

4. 测定

在(六)所述的条件下,分别将步骤(2)和步骤(3)配置的溶液注入气相色谱仪中进行测定。

木糖醇及其他多元醇测定气相色谱图如图 6-2 所示。

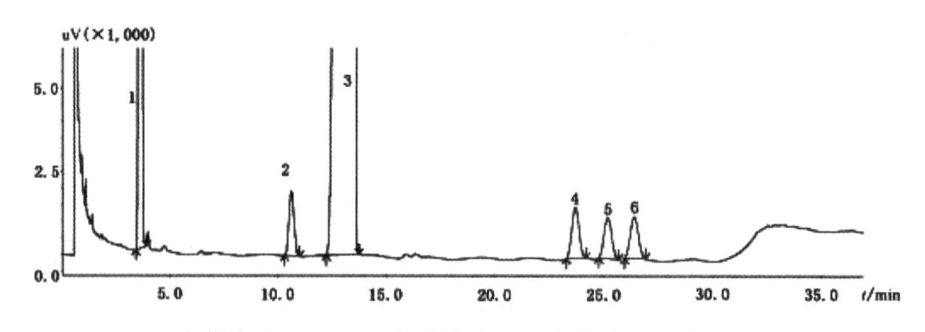

1—赤藓糖醇;2—L-阿拉伯糖醇;3—木糖醇;4—半乳糖醇;
5—甘露糖醇;6—山梨糖醇。

各组分的参考保留时间:赤藓糖醇 3.6 min、L-阿拉伯糖醇 10.6 min、木糖醇 13.5 min、半乳糖醇 23.7 min、甘露糖醇 25.2 min、山梨糖醇 26.4 min。

图 6-2 木糖醇及其他多元醇标准品气相色谱图

（八）结果计算

木糖醇或其他多元醇含量的质量分数 w_i，按下式计算，其他多元醇为 L-阿拉伯糖醇、半乳糖醇、甘露糖醇和山梨糖醇含量的总和。

$$w_i = (m_s \times R_u)/(m_u \times R_s) \times 100\%$$

式中，m_s——标准溶液中木糖醇或其他多元醇的质量，mg；

m_u——干燥减量后的试样质量，mg；

R_u——试样中木糖醇或其他多元醇与赤藓糖醇衍生物响应值比值；

R_s——标准溶液中木糖醇或其他多元醇与赤藓糖醇衍生物响应值比值。

以平行测定结果的算术平均值报实验结果。

（九）精密度

在相同条件下，将试样分两次进行测定，木糖醇含量两次测定结果的差值应不超过其算术平均值的2%。其他多元醇两次结果的差值不大于0.1%。

三、木糖醇的测定第二法——液相色谱法

（一）适用范围

本方法适用于食品添加剂木糖醇的测定。

（二）分子式、结构式和相对分子质量

1. 分子式

$C_5H_{12}O_5$

2. 结构式

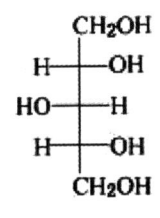

3. 相对分子质量

152.15（按 2013 年国际相对原子质量）。

（三）方法提要

试样用水溶解，采用液相色谱法检测，外标法定量。

（四）试剂和材料

本方法所用的试剂为分析纯，配置试剂所用的水为三级实验用水，试剂若有其他的要求，会在试剂后备注。本方法中所用的试剂、标物溶液制作需严格按照国家标准规范进行，制作所用的溶液没说明的情况下是指水溶液，其他形式制作的溶液会单独说明。

（1）水：一级水。
（2）乙腈：色谱纯。
（3）木糖醇标准品。
（4）L-阿拉伯糖醇标准品。
（5）山梨糖醇标准品。
（6）半乳糖醇标准品。
（7）甘露糖醇标准品。

（五）仪器和设备

高效液相色谱仪、配示差检测器。

（六）参考色谱条件

（1）色谱柱：以聚苯乙烯二乙烯苯树脂为填料的分析柱，300 mm × 7.8 mm，或等效色谱柱。
（2）流动相：乙腈 – 水（35+65）。
（3）流速：0.6 mL/min。
（4）柱温：75 ℃。
（5）检测室温度：45 ℃。
（6）进样量：20 μL。

(七)分析步骤

1. 标准溶液的制备

准确称取甘露糖醇标准品、L-阿拉伯糖醇标准品、山梨糖醇标准品、半乳糖醇标准品各 0.1 g 和木糖醇标准品 2.5 g,精确至 0.0001 g,用水定容至 100 mL 容量瓶中。再分别吸取 2.0 mL、4.0 mL、6.0 mL、8.0 mL 该标准品溶液至 10 mL 容量瓶中,用水定容,配制成含木糖醇 5.0 mg/mL、10.0 mg/mL、15.0 mg/mL、20.0 mg/mL、25.0 mg/mL 和含甘露醇、L-阿拉伯醇、山梨醇、半乳糖醇的系列混合标准溶液分别为 0.2 mg/mL、0.4 mg/mL、0.6 mg/mL、0.8 mg/mL、1.0 mg/mL。

2. 试样溶液的制备

先将食品添加剂进行干燥,混合均匀,再用分析天平称取约 2g 的食品添加剂,最小精度为 0.0001 g,加入少量一级实验水将其溶解,溶解后转入规格为 100 mL 的容量瓶中,用一级实验水添加到容量瓶的刻度线。

3. 测定

在参考色谱条件下,分别注入系列标准溶液、试样溶液进行测定,按外标法用系列标准溶液作校正表。木糖醇及其他多元醇测定液相色谱图如图 6-3 所示。

(八)结果计算

木糖醇或其他多元醇含量的质量分数 w_i,按下式计算,其他多元醇为 L-阿拉伯糖醇、半乳糖醇、甘露糖醇和山梨糖醇含量的总和。

$$w_i = (m_i \times A_{si})/(m \times A_i) \times 100\%$$

式中,m_i——标准溶液中某组分 i 的质量,g;

A_{si}——试样中某组分 i 的测量响应值;

m——干燥减量后的试样质量,g;

A_i——标准溶液中某组分 i 的测量响应值。

以平行测定结果的算术平均值报实验结果。

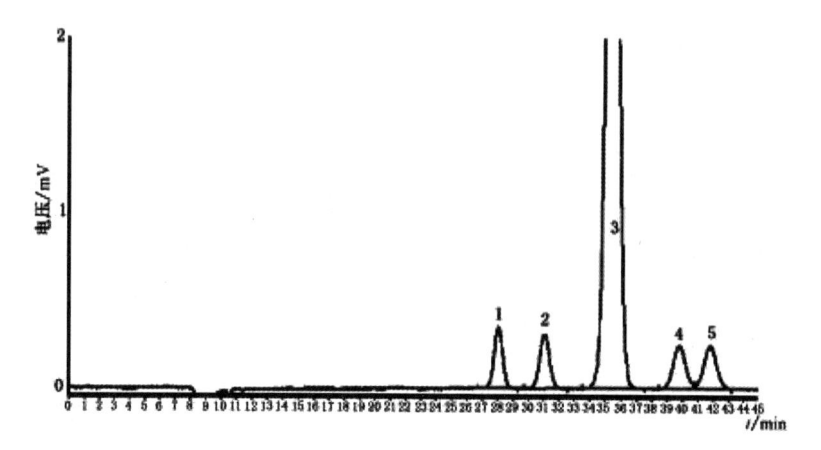

1—L-阿拉伯糖醇；2—甘露糖醇；3—木糖醇；4—半乳糖醇；5—山梨糖醇。
各组分的参考保留时间：L-阿拉伯糖醇 28.0 min、甘露糖醇 31.0 min、木糖醇 35.3 min、半乳糖醇 39.8 min、山梨糖醇 41.7 min。

图 6-3　木糖醇及其他多元醇标准品液相色谱图

（九）精密度

在相同条件下，将试样分两次进行测定，木糖醇两次结果的差值不应超过其算术平均值的 2%。其他多元醇两次结果的差值不大于 0.1%。

第三节　防腐剂的测定

一、苯甲酸钠的测定

（一）适用范围

本方法适用于食品添加剂苯甲酸钠的测定。苯甲酸钠用石油甲苯催化氧化制取的苯甲酸与离子交换膜法生产的氢氧化钠或碳酸氢钠反应制成。

(二)化学名称、分子式、结构式和相对分子质量

1. 化学名称

苯甲酸钠。

2. 分子式

C$_7$H$_5$O$_2$Na

3. 结构式

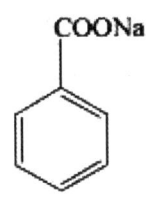

$$\text{C}_6\text{H}_5\text{-COONa}$$

4. 相对分子质量

144.11（按2011年国际相对原子质量）。

(三)方法提要

盐酸与苯甲酸钠起中和反应，用乙醚萃取反应生成的苯甲酸，根据盐酸标准滴定溶液的用量计算苯甲酸钠的含量。

(四)试剂和材料

本方法所用的试剂为分析纯，配置试剂所用的水为三级实验用水，试剂若有其他的要求，会在试剂后备注。本方法中所用的试剂、标物溶液制作需严格按照国家标准规范进行，制作所用的溶液没说明的情况下是指水溶液，其他形式制作的溶液会单独说明。

(1) 乙醚。

(2) 盐酸标准滴定溶液：0.5 mol/L。

(3) 溴酚蓝指示液：0.4 g/L。

(五)分析步骤

(1)将空称量瓶置于恒温干燥箱内,温度设置为 105～110 ℃,干燥至恒重,两次重量差为 0.5 mg。

(2)将适量食品添加剂样品平铺在称量瓶内,置于恒温干燥箱内,温度设置为 105～110 ℃,干燥至恒重,两次重量差为 0.5 mg。

(3)用分析天平称取 1.5 g 步骤(2)中的食品添加剂,最小精度为 0.0001 g,置于锥形瓶(规格为 250 mL)中。

(4)往锥形瓶中加入 25 mL 三级实验水溶解,再往锥形瓶中加入 50 mL 乙醚。

(5)在锥形瓶中加入 10 滴溴酚蓝指示液后,用 HCl 标准滴定溶液滴定,滴定过程中用玻璃棒将水层和乙醚层充分摇匀,当水层显示淡绿色时为终点。

(六)结果计算

苯甲酸钠(以干基计)的质量分数 w_1 的计算式为

$$w_1 = (V \times c \times M)/(1000 \times m) \times 100\%$$

式中,V——食品添加剂所耗标液的体积,mL;

c——标液的浓度,mol/L;

M——苯甲酸钠的摩尔质量为 144.1,g/mol;

m——食品添加剂样品的质量,g;

1000——换算系数。

以平行测定结果的算术平均值报实验结果。

(七)精密度

在相同条件下,将试样分两次进行测定,两次结果绝对差值不应超过其算术平均值的 0.2%。

二、丙酸钙的测定

(一)适用范围

本方法适用于食品添加剂丙酸钙的测定。丙酸钙是以丙酸和氢氧化钙(或碳酸钙)为原料,经中和、精制、干燥制成。

(二)化学名称、分子式、结构式和相对分子质量

1. 化学名称

丙酸钙。

2. 分子式

$C_6H_{10}CaO_4 \cdot nH_2O$（$n$=0,1）

3. 结构式

$$\left[H_3C-CH_2-COO^- \right]_2 Ca^{2+}$$

4. 相对分子质量

186.22(无水物)。

(三)基本原理

将食品添加剂进行干燥,干燥后制成水溶液,加入 NaOH 溶液,得到碱性溶液,加入钙试剂羧酸钠,用 EDTA 标准滴定溶液滴定,记录下滴定管上所消耗的体积,根据计算公式得到食品添加剂丙酸钙的含量。

(四)试剂和材料

本方法所用的试剂为分析纯,配置试剂所用的水为三级实验用水,试剂若有其他的要求,会在试剂后备注。本方法中所用的试剂、标物溶液制作须严格按照国家标准规范进行,制作所用的溶液没说明的情况下是指水溶液,其他形式制作的溶液会单独说明。

(1)氢氧化钠(NaOH)溶液:100 g/L。

(2)乙二胺四乙酸二钠(EDTA)标准滴定溶液:0.05 mol/L。

(3)钙试剂羧酸钠指示剂。

用分析天平称取 0.5 g 钙试剂羧酸钠，加 50 g 硫酸钾研磨、混匀。

（五）分析步骤

（1）将空称量瓶置于恒温干燥箱内，温度设置为 118～122 ℃，干燥至恒重，两次重量差为 0.5 mg。再将适量试样均匀铺在称量瓶内，厚度在 5 mm 以下，于 118～122 ℃干燥 2 h，置于干燥箱内冷却 0.5 h 称量。

（2）用分析天平称取步骤（1）中的食品样品，最小精度为 0.0002 g，加入少量三级实验水将其溶解，溶解后转入规格为 100 mL 的容量瓶中，用三级实验水添加到容量瓶的刻度线。

（3）量取 25±0.02 mL 该样品溶液，加 75 mL 水，用 EDTA 标准滴定溶液滴定到终点。

（4）再加入 NaOH 溶液 15 mL，静置 1 min，加 0.1 g 钙试剂羧酸钠指示剂，用 EDTA 标准滴定溶液滴定，当溶液中的红色完全消失，出现蓝色时为滴定终点。

（六）结果计算

丙酸钙（以 $C_6H_{10}CaO_4$ 计，以干基计）的质量分数 w_1，数值以百分数表示，计算式为

$$w_1 = [(V/1000)c \times M]/(m \times 25/100) \times 100\%$$

式中，V——食品样品所耗标液的体积，mL；

c——标准液的浓度，mol/L；

M——丙酸钙的摩尔质量为 186.2，g/mol；

m——食品样品的质量，g；

25、1000——换算系数。

以平行测定结果的算术平均值报实验结果。

（七）精密度

在相同条件下，将试样分两次进行测定，两次结果绝对差值不应超过算术平均值的 0.2%。

第四节 抗氧化剂的测定

一、没食子酸丙酯的测定

(一)适用范围

本方法适用于食品添加剂没食子酸丙酯的测定。没食子酸丙酯由没食子酸与正丙醇在酸性脱水剂的条件下,加热酯化而制成。

(二)化学名称、分子式、结构式和相对分子质量

1. 化学名称

没食子酸丙酯

2. 分子式

$C_{10}H_{12}O_5$

3. 结构式

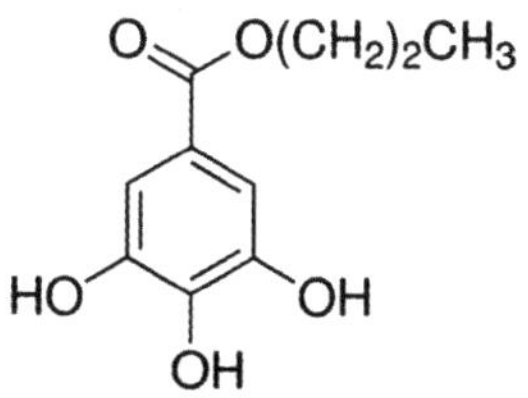

4. 相对分子质量

212.20（按 2007 年国际相对原子质量）。

(三)试剂和材料

本方法所用的试剂为分析纯,配置试剂所用的水为三级实验用水,

试剂若有其他的要求,会在试剂后备注。本方法中所用的试剂、标物溶液制作需严格按照国家标准规范进行,制作所用的溶液没说明的情况下是指水溶液,其他形式制作的溶液会单独说明。

(1)硝酸铋试液。称取 5 g 硝酸铋,置于锥形瓶中,加入 7.5 mL 硝酸和 10 mL 水,用力振荡使其溶解,冷却,过滤,加水稀释定容至 250 mL,备用。

(2)硝酸溶液:1+300。

(四)分析步骤

将食品样品在恒温干燥箱中干燥,恒温干燥箱温度设置为 110 ± 2 ℃,时间设置为 4 h。再称量 0.2 g 的样品,最小精度为 0.0001 g,置于规格为 400 mL 烧杯中,加 150 mL 三级实验水溶解,加热至沸,用力振荡,加 50 mL 硝酸铋试液,继续加热至沸数分钟,直至完全沉淀,冷却,过滤,滤出的黄色沉淀物于恒重的耐酸砂芯漏斗中,用硝酸溶液洗涤,并在 110 ± 2 ℃干燥 4 h,称至恒重。

(五)结果计算

没食子酸丙酯含量(以 $C_{10}H_{12}O_5$ 计)的质量分数 w 的计算式为

$$w = (m_1 \times 0.4866)/m_0 \times 100\%$$

式中,m_1——干燥后沉淀物的质量,g;

0.4866——没食子酸丙酯铋盐换算成没食子酸丙酯系数;

m_0——试样质量,g。

以两次独立测定结果的算术平均值报实验结果。

(六)精密度

在同样的条件下,按照同样的操作步骤将混合均匀的样品进行两次测定,计算出两次结果的平均值。再将两次中的一次测定结果减去另一次的测定结果,得出的数据不应超过其算术平均值的 0.2%。

二、特丁基对苯二酚的测定

(一)适用范围

本方法适用于特丁基对苯二酚(简称 TBHQ)的测定。

(二)化学名称、分子式、结构式和相对分子质量

1. 化学名称

特丁基对苯二酚。

2. 分子式

$C_{10}H_{14}O_2$

3. 结构式

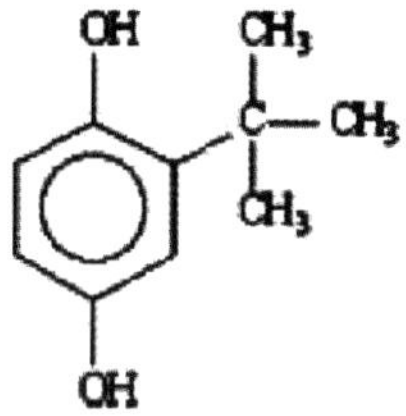

4. 相对分子质量

166.22（按 2007 年国际相对原子质量）。

(三)试剂和材料

本方法所用的试剂为分析纯,配置试剂所用的水为三级实验用水,试剂若有其他的要求,会在试剂后备注。本方法中所用的试剂、标物溶液制作需严格按照国家标准规范进行,制作所用的溶液没说明的情况下是指水溶液,其他形式制作的溶液会单独说明。

（1）丙酮。

（2）氢醌标准品：已知纯度。

（3）特丁基对苯二酚标准品：纯度为99%。

（4）特丁基对苯醌标准品：纯度为99%。

（5）2,5-二特丁基氢醌标准品：纯度为99%。

（四）仪器和设备

气相色谱仪：配有氢火焰离子化检测器和自动积分仪。

（五）参考色谱条件

（1）色谱柱。

（2）气流速度。

载气为N_2，纯度大于99.99%，线速为30 cm/s。

（3）温度。

①柱温220 ℃。

②进样口250 ℃。

③检测器300 ℃。

（4）分流比为20∶1。

（5）进样量为1 μL。

（六）分析步骤

1. 标准溶液的制备

用分析天平分别称取10 mg氢醌、10 mg特丁基对苯二酚、10 mg特丁基对苯醌和10 mg 2,5-二特丁基氢醌标准品，用丙酮溶解，转移至三个规格为10 mL的容量瓶中，再用丙酮稀释定容至容量瓶的刻度线。

2. 试样液的制备

用分析天平称取0.2 g试样，最小精度为0.0001 g，用丙酮溶解，转移至10 mL容量瓶中，再用丙酮稀释定容至刻度，摇匀。

3. 测定

在参考色谱条件下，对各标准溶液进行气相色谱分析，确定各标准品的保留时间，再注入试样液1 μL，进行色谱分析。

（七）结果计算

采用面积归一法分别算出分析物的含量。以平行测定结果的算术平均值报实验结果。

（八）精密度

在相同条件下，将试样分两次进行测定，特丁基对苯二酚两次结果的相对偏差不应超过平均值的 0.2%，其他物质两次结果的相对偏差不应超过平均值的 0.2%。

第五节　漂白剂的测定

一、二氧化硫的测定第一法——差减法（适用于液体二氧化硫）

二氧化硫气体有腐蚀性，操作时应在通风良好的环境下进行，操作者应做好个人防护（如戴化学安全防护眼镜、橡胶耐油手套，必要时佩戴过滤式防毒面具）。

本测定方法中的一些试剂存在毒性，一些试剂存在腐蚀性，使用时须小心，如溅到皮肤上应立即用水冲洗，严重者应立即治疗。使用剧毒品时，应严格按照有关规定管理；使用时应避免吸入或与皮肤接触，必要时应在通风橱中进行。

（一）适用范围

本方法适用于食品添加剂液体二氧化硫和二氧化硫溶液的检测。液体二氧化硫由吸收法、纯氧燃硫法、三氧化硫-硫磺法制成，二氧化硫溶液由吸收法制成。

（二）分子式和相对分子质量

1. 分子式

SO_2

2. 相对分子质量

64.06（按 2013 年国际相对原子质量）。

（三）水分的测定

按照 GB/T 3637—2011 的 4.1.1 取样后，用减量法称取 50 g 试样，置于已干燥后的卡尔·费休滴定杯中，精确至 0.01 g。以下按 GB 5009.3—2010 第四法卡尔·费休法测定。水分的质量分数以 w_3 计。

（四）不挥发物的测定

1. 分析步骤

按照 GB/T 3637—2011 的 4.1.1 取样后，用减量法称取 50 g 试样，置于已于干燥器中干燥 1 h 的 250 mL 的锥形瓶中。

将锥形瓶于蒸汽浴上蒸发至无二氧化硫气味逸出为止，用干燥空气置换出瓶中残余蒸汽。用滤纸擦干锥形瓶外壁，置于干燥器中干燥、冷却 1 h，称量质量，精确至 0.01 g。

2. 结果计算

不挥发物的质量分数 w_4 计算式为

$$w_4=(m_2-m_3)/m_4 \times 100\%$$

式中，m_2——锥形瓶和不挥发物的质量，g；

m_3——锥形瓶的质量，g；

m_4——试样的质量，g。

以平行测定结果的算术平均值报实验结果。

3. 精密度

在相同条件下，将试样分两次进行测定，两次结果绝对差值不应超过平均值的 0.2%。

（五）液体二氧化硫的测定

二氧化硫（SO_2）含量的质量分数 w_1 的计算式为

$$w_1=100\%-(w_3+w_4)$$

式中，w_3——按（三）测得的水分质量分数，%；

w_4——按（四）测得的不挥发物质量分数，%。

计算结果修约到 1 位小数。

二、二氧化硫的测定第二法——容量法（适用于二氧化硫溶液）

（一）基本原理

在弱酸性环境下，用碘标准溶液与食品样品中 SO_3^{2-} 发生化学反应，生成 SO_4^{2-}，再加入可溶性淀粉溶液，用标液滴定，记录滴定管所消耗标液的体积，用计算公式计算浓度。

（二）试剂和材料

本方法所用的试剂为分析纯，配置试剂所用的水为三级实验用水，试剂若有其他要求，会在试剂后备注。本方法中所用的试剂、标物溶液制作须严格按照国家标准规范进行，制作所用的溶液没说明的情况下是指水溶液，其他形式制作的溶液会单独说明。

（1）碘标准溶液：0.1 mol/L。
（2）硫代硫酸钠标液：0.1 mol/L。
（3）可溶性淀粉溶液：5 g/L。

（三）分析步骤

（1）移取 50 mL 碘标准溶液，置于碘量瓶中。称取约 2.0 g 试样，精确至 0.0002 g，加入碘量瓶，加塞、水封，在暗处放置 5 min。

（2）用硫代硫酸钠标液滴定，接近滴定终点时，加入浓度为 5 g/L 的可溶性淀粉溶液 2 mL，继续用硫代硫酸钠标液滴定，待溶液中蓝色刚消失时停止滴定，此为滴定终点。

（3）同步做空白试验。

（四）结果计算

二氧化硫（SO_2）含量的质量分数 w_2 的计算式为

$$w_2 = [(V_1 - V_2) \times c \times M] / (m_1 \times 1000) \times 100\%$$

式中，V_1——空白实验所耗标液的体积，mL；

V_2——食品样品所耗标液的体积，mL；

c——标液的浓度，mol/L；

M——SO_2 的摩尔质量，$M(1/2\ SO_2)$=32.03，g/mol；

m_1——食品样品的质量，g；

1000——换算系数。

以平行测定结果的算术平均值报实验结果。

（五）精密度

在相同条件下，将试样分两次进行测定，两次结果绝对差值不应超过其算术平均值的 0.2%。

第六节　有机酸的测定

一、酒石酸的测定

（一）适用范围

本方法适用于食品添加剂 dl- 酒石酸。dl- 酒石酸由顺丁烯二酸酐和过氧化氢为原料经氧化、水解制成。

（二）化学名称、分子式和相对分子质量

1. 化学名称

2,3- 二羟基丁二酸

2. 分子式

$C_4H_6O_6 \cdot nH_2O$（结晶品 n=1，无水品 n=0）。

3. 相对分子质量

168.10（结晶品）；150.09（无水品）。

（三）方法原理

先将食品样品干燥，称量至恒重，配置成水溶液，加入酚酞，用 NaOH 标液滴定，食品样品刚出现微红色时，停止滴定，即为滴定终点，同时记录滴定管所消耗的 NaOH 标液体积，再通过公式计算以 $C_4H_6O_6$ 计的总酸含量为 dl- 酒石酸含量。

（四）试剂和材料

本方法所用的试剂为分析纯，配置试剂所用的水为三级实验用水，试剂若有其他的要求，会在试剂后备注。本方法中所用的试剂、标物溶液制作需严格按照国家标准规范进行，制作所用的溶液没说明的情况下是指水溶液，其他形式制作的溶液会单独说明。

（1）氢氧化钠标准滴定溶液：0.1 mol/L。

（2）酚酞指示液：10 g/L。

（五）分析步骤

（1）结晶品试样处理。用分析天平称取约 5 g 试样，最小精度为 0.0002 g，置于质量恒定的带盖称量瓶中，于恒温干燥箱（103～107 ℃）内干燥至质量恒定，为干燥物 A。

（2）对于结晶品，称取约 2 g 干燥物 A，精确至 0.0002 g；对于无水品，称取约 2 g 干燥物 B，于恒温干燥箱（103～107 ℃）内干燥至质量恒定，最小精度为 0.0002 g。用三级实验水将其溶解，转入容量瓶（规格为 250 mL），再用三级实验室定容，移取 25±0.02 mL 于容量为 250 mL 锥形瓶中，加 2 滴酚酞指示液，用 NaOH 标准溶液滴定至微红色，保持 30 s 不褪色为终点。

（3）同步做空白试验。

（六）结果计算

dl- 酒石酸（$C_4H_6O_6$）含量（以干基计）的质量分数 w_1 的计算式为

$$w_1=[(V_1-V_0)/1000 \times c \times M]/(m_1 \times 25/250) \times 100\%$$

式中，V_1——试样消耗 NaOH 标准滴定溶液的体积，mL；

V_2——空白消耗 NaOH 标准滴定溶液的体积，mL；

c——NaOH 标准滴定溶液的浓度，mol/L；

M——dl- 酒石酸的摩尔质量，M（1/2 $C_4H_6O_6$）为 75.04，g/mol；

m_1——试样的质量，g；

1000——换算系数；

25——测定时所取试样溶液的体积，mL；

250——试样处理后定容的体积，mL。

计算结果保留至小数点后两位。

以平行测定结果的算术平均值报实验结果。

（七）精密度

在相同条件下，将试样分两次进行测定，两次结果绝对差值不应超过其算术平均值的 0.2%。

二、柠檬酸的测定

（一）范围

本方法适用于食品添加剂柠檬酸的测定。

（二）分子式、结构式和相对分子质量

1. 分子式

无水柠檬酸：$C_6H_8O_7$
一水柠檬酸：$C_6H_8O_7 \cdot H_2O$

2. 结构式

$$\text{HOOC-CH}_2\text{-C(OH)(COOH)-CH}_2\text{-COOH}$$

3. 相对分子质量

无水柠檬酸：192.13；一水柠檬酸：210.14。

（三）基本原理

先称量适量食品样品，配置成水溶液，加入酚酞，用 NaOH 标液滴定，食品样品刚出现微红色时，停止滴定，即为滴定终点，同时记录滴定管所消耗的 NaOH 标液体积，再通过公式计算柠檬酸含量。

（四）试剂和材料

本方法所用的试剂为分析纯，配置试剂所用的水为三级实验用水，试剂若有其他的要求，会在试剂后备注。本方法中所用的试剂、标物溶液制作需严格按照国家标准规范进行，制作所用的溶液没说明的情况下是指水溶液，其他形式制作的溶液会单独说明。

（1）NaOH 标液：0.5 mol/L。
（2）酚酞指示液：10 g/L。
（3）无二氧化碳的水。

（五）分析步骤

（1）用分析天平称取约 1 g 试样，精确至 0.0001 g，置于锥形瓶中。
（2）在锥形瓶中加入消除二氧化碳的三级实验水 50 mL，得到食品样品的水溶液。
（3）在锥形瓶中加入酚酞指示剂 3 滴，用 NaOH 标液滴定，待溶液中出现粉红色时停止滴定，此为滴定终点，同步记录所消耗 NaOH 标液的体积。
（4）同步做空白试验。

（六）结果计算

一水柠檬酸中柠檬酸含量（以无水柠檬酸计）的质量分数 w_1 的计算式和无水柠檬酸中柠檬酸含量的质量分数 w_2 的计算式为

$$w_1=[(V_1-V_0) \times c \times 0.06404]/[m \times (1-0.08570)] \times 100\%$$
$$w_2=[(V_1-V_0) \times c \times 0.06404]/m \times 100\%$$

式中，V_1——食品样品所耗 NaOH 标液的体积，mL；
V_2——空白实验所耗 NaOH 标液的体积，mL；
c——NaOH 标液的浓度，mol/L；

0.06404——与 1.00 mL 氢氧化钠(1.000 mol/L)相当的以克表示
　　　　　的无水柠檬酸的克数；

m——食品样品的质量，g；

0.08570——一水柠檬酸中水的理论含量。

以平行测定结果的算术平均值报实验结果。

(七) 精密度

在同样的条件下，按照同样的操作步骤将混合均匀的样品进行两次测定，计算出两次结果的平均值。再将两次中的一次测定结果减去另一次的测定结果，得出的数据不应超过其算术平均值的 0.2%。

第七章 食品毒害物质的测定

第一节 重 金 属

一、概述

食品安全问题中重金属超标居首。当某些重金属通过食物链进入人体后,就会对人体正常的生理功能产生干扰,对人体健康造成危害,甚至会发生死亡事件。一些人体必需的重金属超出了需要的范围也会对人体造成伤害。因此,我们需要检测食物中的重金属,对某一食物中含有的重金属及其含量有一个清晰的认识,并对人体的摄入量进行控制。

在食品安全问题上,重金属检测是保障食品安全不可或缺的一环,重金属检测非常迫切,也非常重要。

二、镉的测定

(一)适用范围

本方法适用于食品样品中镉的测定。

(二)基本原理

将食品样品制备消解后,形成消化液,消化液进入石墨原子吸收分光光度计,在石墨炉中完成原子化。在一定浓度范围内,消化液中镉的浓度与吸光度(波长为228.8 nm)成正比,通过将测出的吸光度代入标准曲线线性关系公式中计算出食品中镉的浓度。

（三）试剂和材料

本方法所用的试剂为分析纯,配置试剂所用的水为二级实验用水,试剂若有其他的要求,会在试剂后备注。所有直接接触食品样品消化液或稀释液的容器用 25% 的硝酸浸泡放置过夜,随后依次用自来水、二级实验用水清洗干净。

1. 试剂

（1）硝酸（HNO_3）：优级纯。

（2）盐酸（HCl）：优级纯。

（3）高氯酸（$HClO_4$）：优级纯。

（4）过氧化氢（H_2O_2,30%）。

（5）磷酸二氢铵（$NH_4H_2PO_4$）。

2. 试剂配制

试剂配制方法详见表 7-1 所列。

表 7-1　试剂配制方法一览表

序号	所配试剂名称	所需试剂名称	用量	配制过程
1	HNO_3 溶液（1%）	HNO_3	10.0 mL	用量筒分别量取 HNO_3、二级实验水加入烧杯,稀释定容至 1000 mL
		二级实验水	—	
2	HNO_3-$HClO_4$ 溶液（9+1）	HNO_3	90 mL	用量筒分别量取 $HClO_4$,缓缓加入 HNO_3 中
		$HClO_4$	10 mL	
3	HCl 溶液（1+1）	HCl	50 mL	用量筒分别量取 HCl、二级实验水加入烧杯,随后使用玻璃棒搅拌混匀
		二级实验水	50 mL	
4	$NH_4H_2PO_4$ 溶液（10 g/L）	$NH_4H_2PO_4$	10.0 g	用分析天平称取 $NH_4H_2PO_4$,加入 100 mL 硝酸溶液（1%）将 $NH_4H_2PO_4$ 溶解,移入容量瓶（规格 1000 mL）,用硝酸溶液（1%）定容
		HNO_3 溶液（1%）	—	

3. 标准品

（1）金属镉：纯度 >99.99%。

（2）市售有证标准物质。

4. 标准溶液配制

标准溶液配制详见表 7-2 所列。

表 7-2 标准溶液配制一览表

序号	标准溶液名称	所需试剂	配制过程
1	镉标准储备液（1000 mg/L）	金属镉 1.0000 g（最小精度至 0.0001 g），盐酸溶液（1+1）20 mL，二级实验水	用分析天平称取金属镉标准品于小烧杯中，分次加入 HCl 溶液（1+1）将金属镉溶解，加 2 滴 HNO_3，溶解后移入容量瓶（规格为 1000 mL），用二级实验水定容
2	镉标准使用液（100 ng/mL）	钙标准储备液（1000 mg/L）10 mL，HNO_3 溶液（1%）	用移液管吸取镉标准储备液 10.0 mL 于 100 mL 容量瓶中，用硝酸溶液（1%）定容至刻度，逐级稀释成每 mL 含 100.0 ng 镉的标准使用液
3	镉标准曲线工作液（单位 ng/mL）（0、0.50、1.0、1.5、2.0、3.0）	镉标准使用液（100 ng/mL）（单位 mL）0、0.50、1.0、1.5、2.0、3.0；HNO_3 溶液（1%）	用移液管吸取系列镉标准使用液，分别加入容量瓶（规格为 100 mL），再加 HNO_3 溶液（1%）定容

注 1：也可用市售标准物质配置。
注 2：标准溶液浓度可根据实际情况配制。

（四）仪器和设备

（1）原子吸收分光光度计，附石墨炉。

（2）镉空心阴极灯。

（3）电子天平。

（4）可调温式电热板、可调温式电炉。

（5）马弗炉。

（6）恒温干燥箱。

（7）压力消解器、压力消解罐。

（8）微波消解系统。

（五）分析步骤

1. 试样制备

（1）干试样

用粉碎机将样品可食用部分粉碎均匀，存放在塑料瓶中。对粉状干样，摇匀。粒径为 0.425 mm。

（2）鲜样

将样品清洗干净，自然晾干，用匀浆机将样品可以食用的部分匀浆，存放在塑料瓶中。

（3）液态试样

液态样品应摇匀。

2. 固态食品样品消解

1）压力罐消解

（1）称量 0.3～0.5 g 制备好的固态干试样或 1～2 g 制备好的固态鲜样，置于消解内罐内，称量最小精度为 0.001 g。

（2）加入 5 mL HNO_3，过夜，再加入 H_2O_2 溶液（30%）2～3 mL。将消解罐内盖子盖好，再将压力罐外套拧紧，移入恒温干燥箱内消解，恒温干燥箱温度设置为 140 ℃，根据情况可上下浮动 20 ℃，时间设置为 5 h，根据情况可上下浮动 1 h。

（3）冷却后，在电热板（温度设置为 150±10 ℃）上加热至消解液内的酸剩约 1 mL。

（4）将 1 mL 左右的消解液转移至容量瓶（规格为 10 mL 或 25 mL）中，用 HNO_3 溶液（1%）将移液管清洗 3 遍，并将清洗液移入容量瓶中，随即用 HNO_3 溶液（1%）定容。

（5）同步做空白试验。

2）微波消解

（1）称量 0.3～0.5 g 制备好的固态干试样或 1～2 g 制备好的固态鲜样，置于消解罐内，称量最小精度为 0.001 g。

（2）依次加入 5 mL HNO_3、H_2O_2 溶液（30%）2 mL，进行微波消解。

（3）在电热板（温度设置为 150±10 ℃）上加热至消解液内的酸剩约 1 mL。

（4）将上述大约 1 mL 的消解液转入容量瓶中，容量瓶的规格为 25 mL，用 HNO_3 溶液（1%）清洗 3 遍，并移入容量瓶中，随即用 HNO_3 溶液（1%）定容。

（5）同步做空白试验。

3）湿法消解

（1）称量 0.3～0.5 g 制备好的固态干试样或 1～2 g 制备好的固态鲜样，置于锥形瓶内，称量最小精度为 0.001 g。

（2）用移液管分别在消化管内加入 10 mL HNO_3-$HClO_4$ 混合溶液（9+1），加盖浸泡过夜，随后加小漏斗在电热板上进行加热消解。

（3）当消解结束时消解溶液的颜色为浅黄色或没有颜色，且消解溶液呈透明状时，说明消解彻底，便可冷却后用二级实验用水定容，定容的体积为 10 mL 或 25 mL，反之继续加适量 HNO_3 消解。

（4）用 HNO_3 溶液（1%）清洗锥形瓶 3 遍，并将清洗液移入容量瓶，随即用 HNO_3 溶液（1%）定容。

（5）同步做空白试验。

4）干法灰化

（1）称量 0.3～0.5 g 制备好的固态干试样或 1～2 g 制备好的固态鲜样，置于坩埚内，称量最小精度为 0.001 g。

（2）小火加热坩埚，促进样品炭化，待没有烟后移入马弗炉消解，500 ℃下消解 7±1 h。

（3）冷却后，加 1 mL 的 HNO_3-$HClO_4$ 混合溶液（9+1），小火继续加热，注意不要蒸干，再移入马弗炉消解，500 ℃下消解 1.5±0.5 h。

（4）试样呈现白灰状后，用适量 HNO_3 溶液（1%）溶解转移至容量瓶（规格为 25 mL）中，用 HNO_3 溶液（1%）进行定容。

（5）同步做空白试验。

注：含油脂的样品消解采用干灰化法。

3. 液态食品样品消解

1）压力罐消解

（1）用移液管移取 0.500～5.00 mL 制备好的液态食品样品，置于消解内罐内。

(2)加入的 5 mL HNO$_3$,过夜,再加入 H$_2$O$_2$ 溶液(30%)2～3 mL。将消解内罐盖子盖好,再将压力罐外套拧紧,移入恒温干燥箱内消解。恒温干燥箱温度设置为 140 ℃,根据情况可上下浮动 20 ℃,时间设置为 5 h,根据情况可上下浮动 1 h。

(3)冷却后,在电热板(温度设置为 150±10 ℃)上加热至消解液内的酸剩约 1 mL。

(4)将 1 mL 左右的消解液转移至容量瓶(规格为 10 mL 或 25 mL)中。用 HNO$_3$ 溶液(1%)将移液管清洗 3 遍,并将清洗液移入容量瓶中,随即用 HNO$_3$ 溶液(1%)定容。

(5)同步做空白试验。

2)微波消解

(1)用移液管移取 0.500～3.00 mL 制备好的液态食品样品,置于消解罐内。

(2)依次加入 5 mL HNO$_3$、2 mL H$_2$O$_2$ 溶液(30%),进行微波消解。

(3)然后在电热板(温度设置为 150±10 ℃)上加热至消解液内的酸赶到剩约 1 mL。

(4)将上述消解液大约 1 mL 转入容量瓶,容量瓶的规格为 25 mL,用 HNO$_3$ 溶液(1%)将移液管清洗 3 遍,并将清洗液移入容量瓶,随即用 HNO$_3$ 溶液(1%)定容。

(5)同步做空白试验。

3)湿法消解

(1)用移液管移取 0.500～5.00 mL 制备好的液态食品样品,置于锥形瓶内。

(2)用移液管分别在消化管内加入 10 mL 的 HNO$_3$-HClO$_4$ 混合溶液(9+1),加盖浸泡过夜,随后加小漏斗在电热板上进行加热消解。

(3)当消解结束时消解溶液颜色为浅黄色或没有颜色,且消解溶液呈透明状,说明消解彻底,便可冷却后用二级实验用水定容,定容的体积为 10 mL 或 25 mL,反之继续加适量 HNO$_3$ 消解。

(4)用 HNO$_3$ 溶液(1%)清洗锥形瓶 3 遍,并将清洗液移入容量瓶,随即用 HNO$_3$ 溶液(1%)定容。

(5)同步做空白试验。

4)干法灰化

(1)用移液管移取 0.500～10.0 mL 制备好的液态食品样品,置于坩埚内。

（2）小火加热坩埚，促进样品炭化，没有烟后将其移入马弗炉消解，500 ℃下消解 7±1 h。

（3）冷却后，加 1mL HNO_3-$HClO_4$ 混合溶液（9+1），小火继续加热，当心不要蒸干，再移入马弗炉消解，500 ℃下消解 1.5±0.5 h。

（4）试样呈现白灰状后，用适量 HNO_3 溶液（1%）溶解并将其移至容量瓶（规格为 25 mL）中，用 HNO_3 溶液（1%）进行定容。

（5）同步做空白试验。

含油脂的样品消解采用干灰化法。

4. 仪器参考条件

（1）元素：镉。

（2）波长：228.8 nm。

（3）狭缝：0.2～1.0 nm。

（4）灯电流：2～10 mA。

（5）干燥温度及时间：105 ℃，20 s。

（6）灰化温度及时间：550±150 ℃，30±10 s。

（7）原子化温度及时间：1800±500 ℃，4±1 s。

（8）背景校正为氘灯或塞曼效应。

5. 标准曲线的制作

将镉标准系列溶液的低浓度标液到高浓度标液依次取用 20 μL，注入石墨原子吸收光度计的石墨管中进行测定。测定出吸光度，得出吸光度与标液浓度的线性关系。

相关线性系数为 0.995。

6. 试样溶液的测定

将消解定容后的消化液（包括空白溶液和样品）取用 20 μL，注入石墨原子吸收光度计的石墨管中进行测定。测定出吸光度，根据吸光度与标液浓度的线性关系，得出镉的浓度。

平行测定次数不少于两次。对于有干扰的试样，应在标准曲线的制作和试样溶液的测定过程中同时注入 5 μL 基体改进剂 $NH_4H_2PO_4$ 溶液（10 g/L）。

（六）分析结果的表述

试样中镉含量的计算式为

$$X=[(c_1-c_0) \times V]/m \times 1000$$

式中，X——食品样品中镉的含量，mg/kg 或 mg/L；

c_1——食品样品消解定容液中镉的质量浓度，ng/mL；

c_0——实验室空白溶液中镉的质量浓度，ng/mL；

V——食品样品消解定容液的定容体积，mL；

m——食品样品质量或移取体积，g 或 mL；

1000——换算系数。

结果以两次独立测得的数据平均值报出。

（七）精密度

在同样的条件下，按照同样的操作步骤将混合均匀的样品进行两次测定，计算出两次结果的平均值。再将两次中的一次测定结果减去另一次的测定结果，得出的数据不应超过平均值的 10%。

三、铬的测定第一法——石墨炉原子吸收光谱法

（一）适用范围

本方法适用于食品样品中铬的测定。

（二）基本原理

将食品样品制备消解后，形成消化液，消化液进入石墨原子吸收分光光度计，在石墨炉中完成原子化，在一定浓度范围内，稀释液中铬的浓度与吸光度（波长为 357.9 nm）成正比，通过测出吸光度，将其代入标准曲线线性关系公式中计算出食品中铬的浓度。

（三）试剂和材料

本方法所用的试剂为优级纯，配置试剂所用的水为二级实验用水，试剂若有其他的要求，会在试剂后备注。

1. 试剂

（1）硝酸（HNO_3）。
（2）高氯酸（$HClO_4$）。
（3）磷酸二氢铵（$NH_4H_2PO_4$）。

2. 试剂配制

试剂配制方法详见表 7-3 所列。

表 7-3　试剂配制方法一览表

序号	所配试剂名称	所需试剂 名称	所需试剂 用量	配制过程
1	HNO_3 溶液（5+95）	HNO_3	50 mL	用量筒分别量取 HNO_3、二级实验水加入烧杯，随后用玻璃棒搅拌混匀
		二级实验水	950 mL	
2	HNO_3 溶液（1+1）	HNO_3	50 mL	用量筒分别量取 HNO_3、二级实验水加入烧杯，随后使用玻璃棒搅拌混匀
		二级实验水	50 mL	
3	$NH_4H_2PO_4$ 溶液（20 g/L）	$NH_4H_2PO_4$	2 g	用分析天平称取 $NH_4H_2PO_4$，加入少量 HNO_3 溶液（5+95）将 $NH_4H_2PO_4$ 溶解，溶解后转入 100 mL 容量瓶，用 HNO_3 溶液（5+95）进行定容
		HNO_3 溶液（5+95）	—	

3. 标准品

（1）重铬酸钾：纯度 >99.99%。
（2）市售有证标准物质。

重铬酸钾的唯一 CAS 编号为 7778-50-9

4. 标准溶液配制

标准溶液配制方法详见表 7-4 所列。

表 7-4　标准溶液配制方法一览表

序号	标准溶液名称	所需试剂	配制过程
1	铬标准储备溶液（1000 mg/L）	$K_2Cr_2O_7$ 0.2829 g（最小精度至 0.0001 g），HNO_3 溶液（5+95），二级实验水	首先将 $K_2Cr_2O_7$ 于恒温干燥箱中 110℃ 干燥 2 h。然后用分析天平称取 $K_2Cr_2O_7$，溶于二级实验水中，并移入容量瓶（规格为 100mL），用 HNO_3 溶液（5+95）定容
2	铬标准中间液（1000 μg/L）	铬标准储备液（1000 mg/L）1.00 mL，硝酸溶液（5+95）	用移液管吸取铬标准储备液（1000 mg/L）于容量瓶（规格为 10 mL）中，加硝酸溶液（5+95）定容。再用移液管吸取上述溶液 1.00 mL 于容量瓶（规格为 100 mL）中，加硝酸溶液（5+95）定容
3	铬标准系列溶液（单位 μg/L）（0、1.50、4.00、8.00、12.0 和 16.0）	铬标准中间液（1000 μg/L）（单位 mL）0、0.150、0.400、0.800、1.20、1.60；HNO_3 溶液（5+95）	用移液管分别吸取铬标准中间液于容量瓶（规格为 100 mL）中，加硝酸溶液（5+95）定容

注 1：也可用市售标准物质配置。
注 2：标准溶液浓度可根据实际情况配制。

（四）仪器和设备

（1）石墨炉原子吸收光谱仪。

（2）电子天平。

（3）可调式电热板或可调式电炉。

（4）微波消解系统：配聚四氟乙烯消解罐。

（5）压力消解罐：配聚四氟乙烯消解罐。

（6）恒温干燥箱。

（7）马弗炉。

（8）样品粉碎设备：匀浆机、高速粉碎机。

所有直接接触食品样品消化液或稀释液的容器用 20% 的硝酸浸泡放置过夜，随后依次用自来水、二级实验用水清洗干净。

（五）分析步骤

1. 食品样品制备

1）固态样品

（1）干样

用粉碎机将样品可食用部分粉碎均匀,存放在塑料瓶中。对粉状干样,摇匀即可。

（2）鲜样

将样品清洗干净,自然晾干,用匀浆机将样品可以食用的部分匀浆,存放在塑料瓶中。

（3）速冻食品及罐头食品样品

经解冻的速冻食品及罐头食品,取可食部分匀浆均匀。

2）液态样品

软饮料、调味品等液态样品摇匀。

3）半固态样品

半固态样品应搅拌均匀。

2. 固态食品样品消解

1）湿法消解

（1）称量 0.2～3 g 制备好的固态食品样品,置于消化管内,称量最小精度为 0.001 g。

（2）用移液管分别在消化管内加入 10 mL HNO_3,0.5 mL $HClO_4$,随后在电热板上进行加热消解。

（3）当消解结束时消解溶液颜色为浅黄色或没有颜色,且消解溶液呈透明状,说明消解彻底,便赶酸至 0.5 mL,待冷却后用二级实验用水定容,定容的体积为 10 mL 或 25 mL,反之继续加适量 HNO_3 消解。

（4）同步做空白试验。

2）微波消解法

（1）称量 0.2～0.5 g 制备好的固态食品样品,置于消解罐内,称量最小精度为 0.001 g。

（2）依次加入 5～10 mL HNO_3 进行微波消解(微波消解的三个主

要条件：温度/升温时间/恒温时间依次为120 ℃/5 min/5 min、160 ℃/5 min/10 min 和 180 ℃/5 min/10 min）。

（3）在电热板（温度设置为150±10 ℃）上加热至消解液内的酸剩约 1 mL。

（4）将 1 mL 左右的消解液转移至容量瓶（规格为 10 mL 或 25 mL）中，用二级实验用水将移液管清洗 3 遍，并将清洗液移入容量瓶中，随即用二级实验用水定容。

（5）同步做空白试验。

3）压力罐消解法

（1）称量 0.2～1 g 制备好的固态食品样品，置于消解内罐内，称量最小精度为 0.001 g。

（2）依次加入 5～10 mL HNO_3，将消解内罐盖子盖好，再将压力罐外套拧紧，移入恒温干燥箱进行消解。恒温干燥箱的温度设置 150 ℃，根据需要可上下浮动 10 ℃，时间设置为 4.5 h，根据需要可上下浮动 0.5 h。

（3）冷却后，在电热板（温度设置为150±10 ℃）上加热至消解液内的酸剩约 1 mL。

（4）将 1 mL 左右的消解液转移至容量瓶（规格为 10 mL 或 25 mL）中，用二级实验用水将移液管清洗 3 遍，并将清洗液移入容量瓶，随即用二级实验用水定容。

（5）同步做空白试验。

4）干式消解法

（1）称量 0.5～5 g 制备好的固态食品样品，置于坩埚内，称量最小精度为 0.001 g。

（2）小火加热坩埚，促进样品炭化，待没有烟后，移入马弗炉消解，550 ℃下消解 3.5±0.5 h。

（3）冷却后，加几滴 HNO_3，小火继续加热，注意不要蒸干，再移入马弗炉消解时，550 ℃下消解 3.5±0.5 h。

（4）试样呈现白灰状后，用适量 HNO_3 溶液（1+1）溶解，转移至容量瓶（规格为 10 mL 或 25 mL）中，用二级实验用水进行定容。

（5）同步做空白试验。

3. 液态食品样品消解

1）湿法消解

（1）用移液管移取 0.500～5.00 mL 制备好的液态食品样品，置于消化管内。

（2）用移液管分别在消化管内加入 10 mL HNO_3，0.5 mL $HClO_4$，随后在电热板上进行加热消解。

（3）当消解结束时消解溶液颜色为浅黄色或没有颜色，且消解溶液呈透明状，说明消解彻底，便赶酸至 0.5 mL 且冷却后用二级实验用水定容，定容的体积为 10 mL 或 25 mL，反之继续加适量 HNO_3 消解。

（4）同步做空白试验。

2）微波消解法

（1）用移液管移取 0.500～3.00 mL 制备好的液态食品样品，置于消解罐内。

（2）依次加入 5～10 mL HNO_3 进行微波消解（微波消解的三个主要条件：温度/升温时间/恒温时间依次为 120 ℃/5 min/5 min、160 ℃/5 min/10 min 和 180 ℃/5 min/10 min）。

（3）在电热板（温度设置为 150±10 ℃）上加热至消解液内的酸剩约 1 mL。

（4）将 1 mL 左右的消解液移至容量瓶（规格为 10 mL 或 25 mL）中，用二级实验用水将移液管清洗 3 遍，并将清洗液移入容量瓶，随即用二级实验用水定容。

（5）同步做空白试验。

3）压力罐消解法

（1）用移液管移取 0.500～5.00 mL 制备好的液态食品样品，置于消解罐内。

（2）依次加入 5～10 mL HNO_3，将消解内罐盖子盖好，再将压力罐外套拧紧，移入恒温干燥箱内进行消解。恒温干燥箱的温度设置为 150 ℃，根据需要可上下浮动 10 ℃，时间设置为 4.5 h，根据需要可上下浮动 0.5 h。

（3）冷却后，在电热板（温度设置 150±10 ℃）上加热至消解液内的酸剩约 1 mL。

（4）将 1 mL 左右的消解液移至容量瓶（规格为 10 mL 或 25 mL）中，

用二级实验用水将移液管清洗 3 遍,并将清洗液移入容量瓶,随即用二级实验用水定容。

(5)同步做空白试验。

4)干式消解法

(1)用移液管移取 2.00～10.0 mL 制备好的液态食品样品,置于坩埚内,称量最小精度为 0.001 g。

(2)小火加热坩埚,促进样品炭化,待没有烟后,移入马弗炉消解,550 ℃下消解 3.5±0.5 h。

(3)冷却后,加几滴 HNO_3,小火继续加热,注意不要蒸干,再移入马弗炉消解,550 ℃下消解 3.5±0.5 h。

(4)试样呈现白灰状后,用适量 HNO_3 溶液(1+1)溶解,转移至容量瓶(规格为 10 mL 或 25 mL)中,用二级实验用水进行定容。

(5)同步做空白试验。

4. 仪器参考条件

(1)元素:铬。

(2)波长:357.9 nm。

(3)狭缝:0.2 nm。

(4)灯电流:6±1 mA。

(5)干燥:温度 85～120 ℃,时间 30～50 s。

(6)灰化:温度 800～1200 ℃,时间 15～30 s。

(7)原子化:温度 2500～2750 ℃,时间 4～5 s。

5. 标准曲线的制作

将铬标准系列溶液的低浓度标液到高浓度标液依次取用 10 μL,每个系列同步加 5 μL 的 $NH_4H_2PO_4$ 溶液(20 g/L)。注入石墨原子吸收光度计石墨管中进行测定,测定出吸光度,得出吸光度与标液浓度的线性关系。

$NH_4H_2PO_4$ 溶液是基体改进剂,其是否添加及添加量可根据仪器性能和样品基质确定。

6. 试样溶液的测定

将 10 μL 消解定容稀释后的消化液(包括空白溶液和样品)、5 μL

$NH_4H_2PO_4$ 溶液（20 g/L）注入石墨原子吸收光度计石墨管中进行测定，测定出吸光度，根据吸光度与标液浓度的线性关系，得出铬的浓度。

$NH_4H_2PO_4$ 溶液是基体改进剂，其是否添加及添加量可根据仪器性能和样品基质定。

若消化液浓度在线性范围内，可不添加。

（六）分析结果的表述

试样中铬含量的计算式为
$$X=[(\rho-\rho_0) \times V \times f]/(m \times 1000)$$
式中，X——食品样品中铬的含量，mg/kg 或 mg/L；

ρ——食品样品消解定容稀释液中铬的质量浓度，mg/L；

ρ_0——实验室空白溶液中铬的质量浓度，mg/L；

f——食品样品消解定容稀释液的稀释倍数；

V——食品样品消解定容稀释液的定容体积，mL；

m——食品样品质量或移取体积，g 或 mL；

1000——换算系数。

（七）精密度

（1）当固态食品样品中铬含量大于 1 mg/kg、液态食品样品中铬含量大于 1 mg/L 时，在同样的条件下，按照同样的操作步骤将混合均匀的样品进行两次测定，计算出两次结果的平均值。再将两次中的一次测定结果减去另一次的测定结果，得出的数据不应超过平均值的 10%。

（2）当固态食品样品中铬含量 ≤ 1 mg/kg、液态食品样品中铬含量 ≤ 1 mg/L 时，在同样的条件下，按照同样的操作步骤将混合均匀的样品进行两次测定，计算两次结果的平均值。再将两次中的一次测定结果减去另一次的测定结果，得出的数据不应超过平均值的 15%。

（3）当固态食品样品中铬含量 ≤ 0.1 mg/kg、液态食品样品中铬含量 ≤ 0.1 mg/L 时，在同样的条件下，按照同样的操作步骤将混合均匀的样品进行两次测定，计算两次结果的平均值。再将两次中的一次测定结果减去另一次的测定结果，得出的数据不应超过平均值的 20%。

（八）其他

当固态食品样品称样量为 0.5 g,或液态食品样品取样量为 2 mL,消解完定容体积为 10 mL 时,本方法的检出限为 0.01 mg/kg（或 0.003 mg/L）,定量限为 0.03 mg/kg（或 0.008 mg/L）。

四、铅的测定第一法——石墨炉原子吸收光谱法

（一）适用范围

本方法适用于食品样品中铅的测定。

（二）基本原理

将食品样品制备消解后,形成消化液,消化液进入石墨原子吸收分光光度计,在石墨炉中完成原子化。在一定浓度范围内,消化液中铅的浓度与吸光度(波长为 283.3 nm)成正比,通过测出吸光度,将其代入标准曲线线性关系公式中计算出食品中铅的浓度。

（三）试剂和材料

本方法所用的试剂为优级纯,配置试剂所用的水为二级实验用水,试剂若有其他的要求,会在试剂后备注。

1. 试剂

（1）硝酸（HNO_3）。
（2）高氯酸（$HClO_4$）。
（3）磷酸二氢铵（$NH_4H_2PO_4$）。
（4）硝酸钯 [$Pd(NO_3)_2$]。

2. 试剂配制

试剂配制方法详见表 7-5 所列。

表 7-5 试剂配制方法一览表

序号	所配试剂名称	所需试剂 名称	所需试剂 用量	配制过程
1	HNO$_3$ 溶液（5+95）	HNO$_3$	50 mL	用量筒分别量取 HNO$_3$、二级实验水加入烧杯，随后使用玻璃棒搅拌混匀
		二级实验水	950 mL	
2	HNO$_3$ 溶液（1+9）	HNO$_3$	50 mL	用量筒分别量取 HNO$_3$、二级实验水加入烧杯，随后用玻璃棒搅拌混匀
		二级实验水	450 mL	
3	NH$_4$H$_2$PO$_4$–Pd（NO$_3$）$_2$ 溶液	Pd（NO$_3$）$_2$	0.02 g	用分析天平称取 Pd（NO$_3$）$_2$，加入少量 HNO$_3$ 溶液(1+9)将 Pd（NO$_3$）$_2$ 溶解，随后加入 NH$_4$H$_2$PO$_4$，溶解转入 100 mL 容量瓶，用 HNO$_3$ 溶液（5+95）进行定容
		NH$_4$H$_2$PO$_4$	2 g	
		HNO$_3$ 溶液（1+9）	—	
		HNO$_3$ 溶液（5+95）	—	

3. 标准品

（1）硝酸铅 [Pd（NO$_3$）$_2$]：纯度大于 99.99%。

（2）市售有证标准物质。

硝酸铅 [Pd（NO$_3$）$_2$] 的唯一 CAS 编号为 10099-74-8。

4. 标准溶液配制

标准溶液配制方法详见表 7-6 所列。

表 7-6 标准溶液配制方法一览表

序号	标准溶液名称	所需试剂	配制过程
1	铅标准储备液（1000 mg/L）	Pd（NO$_3$）$_2$ 1.5985 g（最小精度至 0.0001g），HNO$_3$ 溶液(1+9)，二级实验水	用分析天平称取 Pd（NO$_3$）$_2$，加入适量 HNO$_3$ 溶液(1+9)将 Pd（NO$_3$）$_2$ 溶解，溶解后移入容量瓶（规格为 1000 mL）中，用二级实验水定容

续表

序号	标准溶液名称	所需试剂	配制过程
2	铅标准中间液（1.00 mg/L）	铅标准储备液（1000 mg/L）1.00 mL，HNO₃溶液（5+95）	用移液管吸取铅标准储备液（1000 mg/L），加入容量瓶（规格为1000 mL），用HNO₃溶液（5+95）定容
3	铅标准系列溶液（单位 μg/L）（0、5.00、10.0、20.0、30.0和40.0）	铅标准中间液（1.00 mg/L）（单位 mL）0、0.500、1.00、2.00、3.00和4.00；HNO₃溶液（5+95）	用移液管吸取系列铅标准中间液，分别加入容量瓶（规格为100 mL），再加HNO₃溶液（5+95）定容

注1：也可用市售标准物质配置。
注2：标准溶液浓度可根据实际情况配制。

（四）仪器和设备

（1）石墨炉原子吸收光度计。

（2）分析天平。

（3）可调式电热炉。

（4）可调式电热板。

（5）微波消解系统：配聚四氟乙烯消解罐。

（6）恒温干燥箱。

（7）压力消解罐：配聚四氟乙烯消解罐。

所有直接接触食品样品消化液或稀释液的容器用20%的硝酸浸泡放置过夜，随后依次用自来水、二级实验用水清洗干净。

（五）分析步骤

1. 试样制备

（1）粮食、豆类样品
将样品中的杂物清理干净，粉碎，存放在塑料瓶中。

（2）蔬菜、水果、鱼类、肉类等样品
将样品清洗干净，自然晾干，用匀浆机将样品可以食用的部分匀浆，存放在塑料瓶中。

（3）液体样品
将液体样品摇匀。
食品样品在采样及制备环节不能被污染。

2. 固态食品样品消解

1) 湿法消解

（1）称量 0.2～3 g 制备好的固态食品样品，置于消化管内，称量最小精度为 0.001 g。

（2）用移液管分别在消化管内加入 10 mL HNO_3，0.5 mL $HClO_4$，随后在电热板上进行加热消解。

（3）当消解结束时消解溶液颜色为浅浅的黄色或没有颜色，且消解溶液呈透明状，说明消解彻底，便可冷却后用二级实验用水定容。定容的体积为 10 mL，反之继续加适量 HNO_3 消解。

（4）同步做空白试验。

2) 微波消解

（1）称量 0.2～0.8 g 制备好的固态食品样品，置于消解罐内，称量最小精度为 0.001 g。

（2）依次加入 5 mL HNO_3 进行微波消解（微波消解的三个主要条件：温度/升温时间/恒温时间依次为 120 ℃/5 min/5 min、160 ℃/5 min/10 min 和 180 ℃/5 min/10 min）。

（3）在电热板（温度设置为 150±10 ℃）上加热至消解液内的酸剩约 1 mL。

（4）将 1 mL 左右的消解液转移至容量瓶（规格为 10 mL）中，用二级实验用水将移液管清洗 3 遍，并将清洗液移入容量瓶，随即用二级实验用水定容。

（5）同步做空白试验。

3) 压力罐消解

（1）称量 0.2～1 g 制备好的固态食品样品，置于消解内罐内，称量最小精度为 0.001 g。

（2）依次加入 5 mL HNO_3，将消解罐盖子盖好，再将压力罐外套拧紧，移入恒温干燥箱内进行消解，恒温干燥箱的温度设置 150 ℃，根据需要可上下浮动 10 ℃，时间设置为 4.5 h，根据需要可上下浮动 0.5 h。

（3）冷却后，在电热板（温度设置为 150±10 ℃）上加热至消解液内的酸剩约 1 mL。

（4）将 1 mL 左右的消解液移至容量瓶（规格为 10 mL）中，用二级实验用水将移液管清洗 3 遍，并将清洗液移入容量瓶，随即用二级实验用水定容。

（5）同步做空白试验。

3. 液态食品样品消解

1）湿法消解

（1）用移液管移取 0.500～5.00 mL 制备好的液态食品样品，置于消化管内。

（2）用移液管分别在消化管内加入 10 mL HNO_3，0.5 mL $HClO_4$，随后在电热板上进行加热消解。

（3）当消解结束时消解溶液颜色为浅黄色或没有颜色，且消解溶液呈透明状，说明消解彻底，便可冷却后用二级实验用水定容，定容的体积为 10 mL，反之继续加适量 HNO_3 消解。

（4）同步做空白试验。

2）微波消解

（1）用移液管移取 0.500～3.00 mL 制备好的液态食品样品，置于消解罐内。

（2）依次加入 5 mL HNO_3 进行微波消解（微波消解的三个主要条件：温度/升温时间/恒温时间依次为 120 ℃/5 min/5 min、160 ℃/5 min/10 min 和 180 ℃/5 min/10 min）。

（3）在电热板（温度设置为 150±10 ℃）上加热至消解液内的酸剩约 1 mL。

（4）将 1 mL 左右的消解液转移至容量瓶（规格为 10 mL）中，用二级实验用水将移液管清洗 3 遍，并将清洗液移入容量瓶，随即用二级实验用水定容。

（5）同步做空白试验。

3）压力罐消解

（1）用移液管移取 0.500～5.00 mL 制备好的液态食品样品，置于消解罐内。

（2）依次加入 5mL HNO_3，将消解内罐盖子盖好，再将压力罐外套拧紧，移入恒温干燥箱内进行消解。恒温干燥箱的温度设置为 150 ℃，根据需要可上下浮动 10 ℃，时间设置为 4.5 h，根据需要可上下浮动 0.5 h。

（3）冷却后，在电热板（温度设置 150±10 ℃）上加热，将消解液内的酸赶到剩约 1 mL。

（4）将1 mL左右的消解液转移至容量瓶（规格为10mL）中，用二级实验用水将移液管清洗3遍，并将清洗液移入容量瓶，随即用二级实验用水定容。

（5）同步做空白试验。

4. 测定

1）仪器参考条件

（1）元素：铅。

（2）波长：283.3 nm。

（3）狭缝：0.5 nm。

（4）灯电流：10 ± 2 mA。

（5）干燥：温度 100 ± 2 ℃，时间 45 ± 5 s。

（6）灰化：温度 750 ℃，时间 25 ± 5 s。

（7）原子化：温度 2300 ℃，时间 4 ~ 5 s。

2）标准曲线的制作

将铅标准系列溶液的低浓度标液到高浓度标液依次取用10 μL，每个系列同步加 5 μL $NH_4H_2PO_4$-Pd$(NO_3)_2$ 溶液。注入石墨原子吸收光度计石墨管中进行测定，测定出吸光度，得出吸光度与标液浓度的线性关系。

$NH_4H_2PO_4$-Pd$(NO_3)_2$ 溶液是基体改进剂，是否添加及添加量可根据仪器性能和样品基质定。

3）试样溶液的测定

将 10 μL 消解定容后的消化液（包括空白溶液和样品）、5 μL $NH_4H_2PO_4$-Pd$(NO_3)_2$溶液注入石墨原子吸收光度计石墨管中进行测定，测定出吸光度，根据吸光度与标液浓度的线性关系，得出铅的浓度。

（六）分析结果的表述

试样中铅的含量计算式为

$$X=[(\rho-\rho_0)\times V]/m \times 1000$$

式中，X——食品样品中铅的含量，mg/kg 或 mg/L；

ρ——食品样品消解定容液中铅的质量浓度，μg/L；

ρ_0——实验室空白溶液中铅的质量浓度，μg/L；

1000——换算系数；

V——食品样品消解定容液的定容体积，mL；

m——食品样品质量或移取体积，g 或 mL。

（七）精密度

在同样的条件下，按照同样的操作步骤将混合均匀的样品进行两次测定，计算出两次结果的平均值。再将两次中的一次测定结果减去另一次的测定结果，得出的数据不应超过平均值的 20%。

（八）其他

当固态食品样品称样量为 0.5 g，或液态食品样品取样量为 0.5 mg，消解完定容体积为 10 mg 时，本方法的检出限为 0.02 mg/kg（或 0.02 mg/L），定量限为 0.04 mg/kg（或 0.04 mg/L）。

五、铅的测定第二法——火焰原子吸收光谱法

（一）适用范围

本方法适用于食品样品中铅的测定。

（二）基本原理

将食品样品制备消解后，形成消化液，在一定酸碱条件下，消化液中的铅离子与二乙基二硫代氨基甲酸钠（DDTC）形成络合物，经 4-甲基-2-戊酮（MIBK）萃取分离。再将分离液注入火焰原子吸收光谱仪，在原子化器中完成原子化，在一定浓度范围内，分离液中铅的浓度与吸光度（波长为 283.3 nm）成正比，通过测出吸光度，将其代入标准曲线线性关系公式中计算出食品中铅的浓度。

（三）试剂和材料

本方法所用的试剂为分析纯，配置试剂所用的水为二级实验用水，试剂若有其他的要求，会在试剂后备注。

1. 试剂

（1）硝酸（HNO_3）：优级纯。
（2）高氯酸（$HClO_4$）：优级纯。
（3）硫酸铵[$(NH_4)_2SO_4$]。
（4）柠檬酸铵[$C_6H_5O_7(NH_4)_3$]。
（5）溴百里酚蓝（$C_{27}H_{28}O_5SBr_2$）。
（6）二乙基二硫代氨基甲酸钠[DDTC]。
（7）氨水（$NH_3·H_2O$）：优级纯。
（8）4-甲基-2-戊酮（MIBK，$C_6H_{12}O$）。
（9）盐酸（HCl）：优级纯。

2. 试剂配制

试剂配制方法详见表7-7所列。

表7-7 试剂配制方法一览表

序号	所配试剂名称	所需试剂名称	用量	配制过程
1	硝酸溶液（5+95）	HNO_3	50 mL	用量筒分别量取HNO_3、二级实验水加入烧杯，随后用玻璃棒搅拌混匀
		二级实验水	950 mL	
2	硝酸溶液（1+9）	HNO_3	50 mL	用量筒分别量取HNO_3、二级实验水加入烧杯，随后用玻璃棒搅拌混匀
		二级实验水	450 mL	
3	硫酸铵溶液（300 g/L）	硫酸铵	30 g	用分析天平称取硫酸铵，加入少量二级实验水将硫酸铵溶解，溶解后转入100 mL容量瓶，用二级实验水进行定容
		二级实验水	100 mL	
4	柠檬酸铵溶液（250 g/L）	柠檬酸铵	25 g	用分析天平称取柠檬酸铵，加入少量二级实验水将柠檬酸铵溶解，溶解后转入100 mL容量瓶，用二级实验水进行定容
		二级实验水	100 mL	
5	溴百里酚蓝水溶液（1 g/L）	溴百里酚蓝	0.1 g	用分析天平称取溴百里酚蓝，加入少量二级实验水将溴百里酚蓝溶解，溶解后转入100 mL容量瓶，用二级实验水进行定容
		二级实验水	100 mL	

续表

序号	所配试剂名称	所需试剂 名称	所需试剂 用量	配制过程
6	DDTC 溶液（50 g/L）	DDTC	5 g	用分析天平称取 DDTC,加入少量二级实验水将 DDTC 溶解,溶解后转入 100 mL 容量瓶,用二级实验水进行定容
		二级实验水	100 mL	
7	氨水溶液（1+1）	氨水	100 mL	用量筒分别量取氨水、二级实验水加入烧杯,随后用玻璃棒搅拌混匀
		二级实验水	100 mL	
8	盐酸溶液（1+11）	HNO_3	10 mL	量取 10 mL 盐酸,缓缓加入 110 mL 二级实验水
		二级实验水	110 mL	

3. 标准品

（1）硝酸铅 [Pb（NO_3）$_2$]：纯度大于 99.99%。

（2）市售有证标准物质。

硝酸铅 [Pb（NO_3）$_2$] 的唯一 CAS 编号为 10099-74-8。

4. 标准溶液配制

标准溶液配制方法详见表 7-8 所列。

表 7-8　标准溶液配制方法一览表

序号	标准溶液名称	所需试剂	配制过程
1	铅标准储备液（1000 mg/L）钙标准储备液（1000 mg/L）	硝酸铅 1.5985 g（最小精度至 0.0001 g），HNO_3 溶液（1+9），二级实验水	用分析天平称取硝酸铅,加入适量 HNO_3 溶液（1+9）将硝酸铅溶解,溶解后移入容量瓶（规格为 1000 mL），用二级实验水定容
2	铅标准使用液（10.0 mg/L）	铅标准储备液（1000 mg/L）1.0mL，HNO_3 溶液（5+95）	用移液管吸取铅标准储备液（1000 mg/L），加入容量瓶（规格为 100 mL），用 HNO_3 溶液（5-95）定容

（四）仪器和设备

（1）火焰原子吸收光谱仪。

（2）分析天平。

（3）可调式电热炉。
（4）可调式电热板。
所有直接接触食品样品消化液或稀释液的容器用20%的硝酸浸泡放置过夜，随后依次用自来水、二级实验用水清洗干净。

（五）分析步骤

1. 试样制备

（1）粮食、豆类样品
将样品中的杂质清理干净，粉碎，存放在塑料瓶中。
（2）蔬菜、水果、鱼类、肉类等样品。
将样品清洗干净，自然晾干，用匀浆机将样品可以食用的部分匀浆，存放在塑料瓶中。
（3）液体样品
应将液体样品摇匀。
食品样品在采样及制备环节不能被污染。

2. 固态食品样品消解

1）湿法消解
（1）称量 0.2～3 g 制备好的固态食品样品，置于消化管内，称量最小精度为 0.001 g。
（2）用移液管分别在消化管内加入 10 mL HNO_3，0.5 mL $HClO_4$，随后在电热板上进行加热消解。
（3）当消解结束时消解溶液颜色为浅浅的黄色或没有颜色，且消解溶液呈透明状，说明消解彻底，便可冷却后用二级实验用水定容，定容的体积为 10 mL，反之继续加适量 HNO_3 消解。
（4）同步做空白试验。

2）微波消解
（1）称量 0.2～0.8 g 制备好的固态食品样品，置于消解罐内，称量最小精度为 0.001 g。
（2）依次加入 5 mL HNO_3 进行微波消解（微波消解的三个主要条件：温度/升温时间/恒温时间依次为 120 ℃/5 min/5 min、160 ℃/5 min/10 min 和 180 ℃/5 min/10 min）。

（3）然后在电热板（温度设置为 150±10 ℃）上加热至消解液内的酸剩约 1 mL。

（4）将 1 mL 左右的消解液转移至容量瓶（规格为 10 mL）中，用二级实验用水将移液管清洗 3 遍，并将清洗液移入容量瓶，随即用二级实验用水定容。

（5）同步做空白试验。

3）压力罐消解

（1）称量 0.2～1 g 制备好的固态食品样品，置于消解内罐内，称量最小精度为 0.001 g。

（2）依次加入 5 mL HNO_3，将消解内罐盖子盖好，再将压力罐外套拧紧，移入恒温干燥箱进行消解。恒温干燥箱的温度设置为 150 ℃，根据需要可上下浮动 10 ℃，时间设置为 4.5 h，根据需要可上下浮动 0.5 h。

（3）冷却后，在电热板（温度设置为 150±10 ℃）上加热至消解液内的酸剩约 1 mL。

（4）将 1 mL 左右的消解液转移至容量瓶（规格为 10 mL）中。用二级实验用水将移液管清洗 3 遍，并将清洗液移入容量瓶，随即用二级实验用水定容。

（5）同步做空白试验。

3. 液态食品样品消解

1）湿法消解

（1）用移液管移取 0.500～5.00 mL 制备好的液态食品样品，置于消化管内。

（2）用移液管分别在消化管内加入 10 mL HNO_3，0.5 mL $HClO_4$，随后在电热板上进行加热消解。

（3）当消解结束时消解溶液颜色为浅黄色或没有颜色，且消解溶液呈透明状，说明消解彻底，便可冷却后用二级实验用水定容，定容的体积为 10 mL，反之继续加适量 HNO_3 消解。

（4）同步做空白试验。

2）微波消解

（1）用移液管移取 0.500～3.00 mL 制备好的液态食品样品，置于消解罐内。

（2）依次加入 5 mL HNO_3 进行微波消解（微波消解的三个主要条

件：温度/升温时间/恒温时间依次为120 ℃/5 min/5 min、160 ℃/5 min/10 min 和 180 ℃/5 min/10 min）。

（3）在电热板（温度设置为150±10 ℃）上加热至消解液内的酸剩约1 mL。

（4）将1 mL左右的消解液转移至容量瓶（规格为10 mL）中，用二级实验用水将移液管清洗3遍，并将清洗液移入容量瓶，随即用二级实验用水定容。

（5）同步做空白试验。

3）压力罐消解

（1）用移液管移取0.500～5.00 mL制备好的液态食品样品，置于消解内罐内。

（2）依次加入5 mL HNO$_3$，将消解内罐盖子盖好，再将压力罐外套拧紧，移入恒温干燥箱进行消解。将恒温干燥箱的温度设置为150 ℃，根据需要可上下浮动10 ℃；时间设置为4.5 h，根据需要可上下浮动0.5 h。

（3）冷却后，在电热板（温度设置为150±10 ℃）上加热至消解液内的酸赶到剩约1 mL。

（4）将1 mL左右的消解液转移至容量瓶（规格为10 mL）中，用二级实验用水将移液管清洗3遍，并将清洗液移入容量瓶，随即用二级实验用水定容。

（5）同步做空白试验。

4. 测定

1）仪器参考条件

（1）元素：铅。

（2）波长：283.3 nm。

（3）狭缝：0.5 nm。

（4）灯电流：8～12 mA。

（5）燃烧头高度：6 mm。

（6）空气流量：8 L/min。

2）标准曲线的制作

分别吸取铅标准使用液（单位 mL）0、0.250、0.500、1.00、1.50和2.00[相当于（单位 μg）0、2.50、5.00、10.0、15.0和20.0的铅]于125 mL分液漏斗中，补加水至60 mL。

加 2 mL 柠檬酸铵溶液（250 g/L），溴百里酚蓝水溶液（1 g/L）3 滴～5 滴，用氨水溶液（1+1）调 pH 值至溶液由黄变蓝，加硫酸铵溶液（300 g/L）10 mL，DDTC 溶液（1 g/L）10 mL，摇匀。

放置 5min 左右，加入 10 mL MIBK，剧烈振摇提取 1min，静置分层后，弃去水层，将 MIBK 层放入 10 mL 带塞刻度管，得到标准系列溶液。

将铅标准系列溶液的低浓度标液到高浓度标液依次用火焰原子吸收光谱仪进行测定，测定出吸光度，得出吸光度与标液含量的线性关系。

3）试样溶液的测定

将试样消化液及试剂空白溶液分别置于 125 mL 分液漏斗中，补加水至 60 mL。加 2 mL 柠檬酸铵溶液（250 g/L），溴百里酚蓝水溶液（1 g/L）3～5 滴，用氨水溶液（1+1）调 pH 值至溶液由黄变蓝，加硫酸铵溶液（300 g/L）10 mL，DDTC 溶液（1 g/L）10 mL，摇匀。放置 5 min 左右，加入 10 mL MIBK，剧烈振摇提取 1 min，静置分层后，弃去水层，将 MIBK 层放入 10 mL 带塞刻度管中，得到试样溶液和空白溶液。

将消解定容后的消化液（包括空白溶液和样品）用火焰原子吸收光谱仪进行测定，测定出吸光度，根据吸光度与标液浓度的线性关系，得出铅的含量。

（六）分析结果的表述

试样中铅含量的计算式为

$$X=(m_1-m_0)/m_2$$

式中，X——食品样品中铅的含量，mg/kg 或 mg/L；

m_1——食品样品消解定容液中铅的质量，μg；

m_0——实验室空白溶液中铅的质量浓度，μg；

m_2——食品样品质量或移取体积，g 或 mL。

（七）精密度

在同样的条件下，按照同样的操作步骤将混合均匀的样品进行两次测定，计算两次结果的平均值。再将两次中的一次测定结果减去另一次的测定结果，得出的数据不应超过平均值的 20%。

（八）其他

当固态食品样品称样量为 0.5 g，或液态食品样品取样量为 0.5 mL 时，本方法的检出限为 0.4 mg/kg（或 0.4 mg/L），定量限为 1.2 mg/kg（或 1.2 mg/L）。

六、铅的测定第三法——二硫腙比色法

（一）适用范围

本方法适用于各类食品中铅含量的测定。

（二）实验原理

将食品样品制备消解后，形成消化液。在 pH 值为 8.5～9.0 的条件下，消化液中的铅离子与二硫腙发生化学反应，得到红色络合物。在一定浓度范围内，消化液中铅的含量与红色络合物吸光度（波长为 510 nm）成正比，通过将测出的吸光度代入标准曲线线性关系公式中计算出食品中铅的含量。

在消化液中加入柠檬酸铵、氰化钾和盐酸羟胺等，防止铁、铜、锌等离子的干扰。

（三）试剂和材料

本方法所用的试剂为分析纯，配置试剂所用的水为三级实验用水，试剂若有其他的要求，会在试剂后备注。

1. 试剂

（1）硝酸（HNO_3）：优级纯。

（2）高氯酸（$HClO_4$）：优级纯。

（3）氨水（$NH_3 \cdot H_2O$）：优级纯。

（4）盐酸（HCl）：优级纯。

（5）酚红（$C_{19}H_{14}O_5S$）。

（6）盐酸羟胺（$NH_2OH \cdot HCl$）。

（7）柠檬酸铵 [$C_6H_5O_7(NH_4)_3$]。

（8）氰化钾（KCN）。

（9）三氯甲烷（CH$_3$Cl，不应含氧化物）。

（10）二硫腙（C$_6$H$_5$NHNHCSN=NC$_6$H$_5$）。

（11）乙醇（C$_2$H$_5$OH）：优级纯。

2. 试剂配制

试剂配制方法详见表 7-9 所列。

表 7-9　试剂配制方法一览表

序号	所配试剂名称	所需试剂 名称	用量	配制过程
1	HNO$_3$ 溶液（5+95）	HNO$_3$	50 mL	用量筒分别量取 HNO$_3$、三级实验水加入烧杯，随后用玻璃棒搅拌混匀
		三级实验水	950 mL	
2	HNO$_3$ 溶液（1+9）	HNO$_3$	50 mL	用量筒分别量取 HNO$_3$、三级实验水加入烧杯，随后用玻璃棒搅拌混匀
		三级实验水	450 mL	
3	氨水溶液（1+1）	氨水	100 mL	用量筒分别量取氨水、三级实验水加入烧杯，随后用玻璃棒搅拌混匀
		三级实验水	100 mL	
4	氨水溶液（1+99）	氨水	10 mL	用量筒分别量取氨水、三级实验水加入烧杯，随后用玻璃棒搅拌混匀
		三级实验水	990 mL	
5	HCl 溶液（1+1）	HCl	100 mL	用量筒分别量取 HCl、三级实验水加入烧杯，随后用玻璃棒搅拌混匀
		三级实验水	100 mL	
6	酚红指示液（1 g/L）	酚红	0.1 g	用分析天平称取酚红，加入少量乙醇将酚红溶解，溶解后转入 100mL 容量瓶，用乙醇进行定容
		乙醇	100 mL	
7	二硫腙-三氯甲烷溶液（0.5 g/L）	二硫腙	0.5 g	用分析天平称取二硫腙，加入少量三氯甲烷将二硫腙溶解，溶解后转入 100 mL 容量瓶，用三氯甲烷进行定容。于 0～5℃下保存，必要时进行纯化
		三氯甲烷	1000 mL	

续表

序号	所配试剂名称	所需试剂名称	用量	配制过程
8	盐酸羟胺溶液（200 g/L）	盐酸羟胺	20 g	称取盐酸羟胺，加水溶解至 50 mL，加 2 滴酚红指示液（1 g/L），加氨水溶液（1+1），调 pH 值至 8.5～9.0（由黄变红，再多加 2 滴），用二硫腙 – 三氯甲烷溶液（0.5 g/L）提取至三氯甲烷层绿色不变为止，再用三氯甲烷洗二次，弃去三氯甲烷层，水层加盐酸溶液（1+1）至呈酸性，加水至 100 mL，混匀
		三级实验水	—	
9	柠檬酸铵溶液（200 g/L）	柠檬酸铵	50 g	称取柠檬酸铵，溶于 100 mL 水中，加 2 滴酚红指示液（1 g/L），加氨水溶液（1+1），调 pH 值至 8.5～9.0，用二硫腙 – 三氯甲烷溶液（0.5 g/L）提取数次，每次 10～20 mL，至三氯甲烷层绿色不变为止，弃去三氯甲烷层，再用三氯甲烷洗二次，每次 5 mL，弃去三氯甲烷层，加水稀释至 250 mL，混匀
		三级实验水	—	
10	氰化钾溶液（100 g/L）	氰化钾	10 g	用分析天平称取氰化钾，加入少量三级实验水将氰化钾溶解，溶解后转入 100 mL 容量瓶，用三级实验水进行定容
		三级实验水	—	
11	二硫腙使用液	二硫腙 – 三氯甲烷溶液（0.5 g/L）	0.1 mL	用移液管移取 1.0 mL 二硫腙 – 三氯甲烷溶液（0.5 g/L），加三氯甲烷至 10 mL，混匀。用 1cm 比色杯，以三氯甲烷调节零点，于波长 510 nm 处测吸光度（A），用公式算出配制 100 mL 二硫腙使用液（70% 透光率）所需二硫腙 – 三氯甲烷溶液（0.5 g/L）的毫升数（V）。量取计算所得体积的二硫腙 – 三氯甲烷溶液，用三氯甲烷稀释至 100 mL。 公式：$V=[10 \times (2-\lg 70)]/A=1.55/A$
		三氯甲烷	—	

3. 标准品

（1）硝酸铅 [Pb(NO$_3$)$_2$]：纯度大于 99.99%。

（2）市售有证标准物质。

硝酸铅 [Pb(NO$_3$)$_2$] 的唯一 CAS 编号为 10099-74-8。

4. 标准溶液配制

标准溶液配制方法详见表 7-10 所列。

表 7-10 标准溶液配制方法一览表

序号	标准溶液名称	所需试剂	配制过程
1	铅标准储备液（1000 mg/L） 钙标准储备液（1000 mg/L）	硝酸铅 1.5985 g（最小精度至 0.0001 g），HNO_3 溶液（1+9），二级实验水	用分析天平称取硝酸铅，加入适量 HNO_3 溶液（1+9）将硝酸铅溶解，溶解后移入容量瓶（规格为 1000 mL），用二级实验水定容
2	铅标准使用液（10.0 mg/L）	铅标准储备液（1000 mg/L）1.0 mL，HNO_3 溶液（5+95）	用移液管吸取铅标准储备液（1000 mg/L），加入容量瓶（规格为 100 mL），用 HNO_3 溶液（5+95）定容

（四）仪器和设备

所有直接接触食品样品消化液或稀释液的容器用 20% 的硝酸浸泡放置过夜，随后依次用自来水、三级实验用水清洗干净。

（1）分光光度计。

（2）分析天平。

（3）可调式电热炉。

（4）可调式电热板。

（五）分析步骤

1. 试样制备

食品样品在采样及制备环节不能污染。

（1）粮食、豆类样品

将样品中的杂质清理干净，粉碎，存放在塑料瓶中。

（2）蔬菜、水果、鱼类、肉类等样品

将样品清洗干净，自然晾干，用匀浆机将样品可以食用的部分匀浆，存放在塑料瓶中。

（3）液体样品

将液体样品摇匀。

2. 固态食品样品消解

1）湿法消解

（1）称量 0.2～3 g 制备好的固态食品样品，置于消化管内，称量最小精度为 0.001 g。

（2）用移液管分别在消化管内加入 10 mL HNO_3、0.5 mL $HClO_4$，随后在电热板上进行加热消解。

（3）当消解结束的消解溶液颜色为浅浅的黄色或没有颜色，且消解溶液呈透明状时，说明消解彻底，便可冷却后用二级实验用水定容，定容的体积为 10 mL，反之继续加适量 HNO_3 消解。

（4）同步做空白试验。

2）微波消解

（1）称量 0.2～0.8 g 制备好的固态食品样品，置于消解罐内，称量最小精度为 0.001 g。

（2）依次加入 5 mL HNO_3 进行微波消解（微波消解的三个主要条件：温度/升温时间/恒温时间依次为 120 ℃/5 min/5 min、160 ℃/5 min/10 min 和 180 ℃/5 min/10 min）。

（3）在电热板（温度设置为 150±10 ℃）上加热至消解液内的酸剩约 1 mL。

（4）将 1 mL 左右的消解液移至容量瓶（规格为 10 mL）中，用二级实验用水将移液管清洗 3 遍，并将清洗液移入容量瓶，随即用二级实验用水定容。

（5）同步做空白试验。

3）压力罐消解

（1）称量 0.2～1 g 制备好的固态食品样品，置于消解内罐内，称量最小精度为 0.001 g。

（2）依次加入 5 mL HNO_3，将消解内罐盖子盖好，再将压力罐外套拧紧，移入恒温干燥箱进行消解。恒温干燥箱的温度设置为 150 ℃，根据需要可上下浮动 10 ℃；时间设置为 4.5 h，根据需要可上下浮动 0.5 h。

（3）冷却后，在电热板（温度设置为 150±10 ℃）上加热至消解液内的酸剩约 1 mL。

（4）将 1 mL 左右的消解液转移至容量瓶（规格为 10 mL）中。用二级实验用水将移液管清洗 3 遍，并将清洗液移入容量瓶，随即用二级实验用水定容。

（5）同步做空白试验。

3. 液态食品样品消解

1）湿法消解

（1）用移液管移取 0.500～5.00 mL 制备好的液态食品样品，置于消化管内。

（2）用移液管分别在消化管内加入 10 mL HNO_3，0.5 mL $HClO_4$，随后在电热板上进行加热消解。

（3）当消解结束的消解溶液颜色为浅浅的黄色或没有颜色，且消解溶液呈透明状时，说明消解彻底，便可冷却后用二级实验用水定容，定容的体积为 10 mL，反之继续加适量 HNO_3 消解。

（4）同步做空白试验。

2）微波消解

（1）用移液管移取 0.500～3.00 mL 制备好的液态食品样品，置于消解罐内。

（2）依次加入 5 mL HNO_3 进行微波消解（微波消解的三个主要条件：温度/升温时间/恒温时间依次为 120 ℃/5 min/5 min、160 ℃/5 min/10 min 和 180 ℃/5 min/10 min）。

（3）在电热板（温度设置为 150±10 ℃）上加热至消解液内的酸赶到剩约 1 mL。

（4）将 1 mL 左右的消解液转移至容量瓶（规格为 10 mL）中，用二级实验用水将移液管清洗 3 遍，并将清洗液移入容量瓶，随即用二级实验用水定容。

（5）同步做空白试验。

3）压力罐消解

（1）用移液管移取 0.500～5.00 mL 制备好的液态食品样品，置于消解罐内。

（2）依次加入 5 mL HNO_3，将消解内罐盖子盖好，再将压力罐外套拧紧，移入恒温干燥箱进行消解。恒温干燥箱的温度设置为 150 ℃，根据需要可上下浮动 10 ℃；时间设置为 4.5 h，根据需要可上下浮动 0.5 h。

（3）冷却后，在电热板（温度设置为150±10 ℃）上加热至消解液内的酸剩约1 mL。

（4）将1 mL左右的消解液转移至容量瓶（规格为10 mL）中，用二级实验用水将移液管清洗3遍，并将清洗液移入容量瓶，随即用二级实验用水定容。

（5）同步做空白试验。

4. 测定

（1）仪器参考条件

波长：510 nm。

（2）标准曲线的制作

吸取0、0.100、0.200、0.300、0.400和0.500铅标准使用液（单位 mL）[相当于（单位 μg）0、1.00、2.00、3.00、4.00和5.00铅]分别置于125 mL分液漏斗中，各加硝酸溶液（5+95）至20 mL。再各加2 mL柠檬酸铵溶液（200 g/L），1 mL盐酸羟胺溶液（200 g/L）和2滴酚红指示液（1 g/L），用氨水溶液（1+1）调至红色，再各加2 mL氰化钾溶液（100 g/L），混匀。各加5 mL二硫腙使用液，剧烈振摇1 min，静置分层后，三氯甲烷层经脱脂棉滤入1 cm比色杯中，再将铅标准系列溶液的低浓度标液到高浓度标液依次用分光光度计（波长510 nm）进行测定，以三氯甲烷作参比，测定出吸光度，得出吸光度与标液中铅含量的线性关系。

（3）试样溶液的测定

将试样溶液及空白溶液分别置于125 mL分液漏斗中，各加硝酸溶液至20 mL。于消解液及试剂空白液中各加2 mL柠檬酸铵溶液（200 g/L），1 mL盐酸羟胺溶液（200 g/L）和2滴酚红指示液（1 g/L），用氨水溶液（1+1）调至红色，再各加2 mL氰化钾溶液（100 g/L），混匀。各加5 mL二硫腙使用液，剧烈振摇1 min，静置分层后，三氯甲烷层经脱脂棉滤入1 cm比色杯，用分光光度计（波长510 nm）进行测定，测定出吸光度，根据吸光度与标液铅含量的线性关系，得出铅的含量。

（六）分析结果的表述

试样中铅含量的计算式为

$$X = (m_1 - m_0)/m_2$$

式中，X——食品样品中铅的含量，mg/kg 或 mg/L；
　　　m_1——食品样品消解定容液中铅的质量，μg；
　　　m_0——实验室空白溶液中铅的质量浓度，μg；
　　　m_2——食品样品质量或移取体积，g 或 mL。

（七）精密度

在同样的条件下，按照同样的操作步骤将混合均匀的样品进行两次测定，计算两次结果的平均值。再将两次中的一次测定结果减去另一次的测定结果，得出的数据不应超过平均值的 10%。

（八）其他

当固态食品样品称样量为 0.5 g，或液态食品样品取样量为 0.5 mg 时，本方法的检出限为 1 mg/kg（或 1 mg/L），定量限为 3 mg/kg（或 3 mg/L）。

七、砷的测定第一法——氢化物发生原子荧光光谱法

（一）适用范围

本方法适用于食品样品中砷的测定。

（二）基本原理

将食品样品制备消解后，形成消化液，先用 $CH_4N_2O_2S$ 溶液将五价砷还原为三价砷，再以 KBH_4 碱溶液（20 g/L）为还原剂，将三价砷原成砷化氢。砷化氢随氩气进入原子荧光光谱仪，从基态到高能态再回基态过程中，发射特征波长的荧光，在一定浓度范围内，消化液中砷的浓度与荧光强度成正比，通过测出荧光强度，将其代入标准曲线线性关系公式中计算出食品中砷的浓度。

（三）试剂和材料

本方法所用的试剂为优级纯，配置试剂所用的水为一级实验用水，试剂若有其他的要求，会在试剂后备注。

第七章 食品毒害物质的测定

1. 试剂

（1）氢氧化钠（NaOH）。

（2）氢氧化钾（KOH）。

（3）硼氢化钾（KBH$_4$）：分析纯。

（4）硫脲（CH$_4$N$_2$O$_2$S）：分析纯。

（5）盐酸（HCl）。

（6）硝酸（HNO$_3$）。

（7）硫酸（H$_2$SO$_4$）。

（8）高氯酸（HClO$_4$）。

（9）硝酸镁：分析纯。

（10）氧化镁（MgO）：分析纯。

（11）抗坏血酸（C$_6$H$_8$O$_6$）。

2. 试剂配制

试剂配制方法详见表 7-11 所列。

表 7-11 试剂配制方法一览表

序号	所配试剂名称	所需试剂 名称	所需试剂 用量	配制过程
1	NaOH 溶液（100 g/L）	NaOH	10.0 g	用分析天平称取 NaOH，随后用少量一级实验水将 NaOH 溶解，溶解后转入容量瓶（规格为 100 mL）中，用一级实验水进行定容
1	NaOH 溶液（100 g/L）	一级实验水	100 mL	用分析天平称取 NaOH，随后用少量一级实验水将 NaOH 溶解，溶解后转入容量瓶（规格为 100 mL）中，用一级实验水进行定容
2	硝酸镁溶液（150 g/L）	硝酸镁	15.0 g	用分析天平称取硝酸镁，随后用少量一级实验水将硝酸镁溶解，溶解后转入容量瓶（规格为 100 mL）中，用一级实验水进行定容
2	硝酸镁溶液（150 g/L）	一级实验水	—	用分析天平称取硝酸镁，随后用少量一级实验水将硝酸镁溶解，溶解后转入容量瓶（规格为 100 mL）中，用一级实验水进行定容
3	HCl 溶液（1+1）	HCl	100 mL	用量筒分别量取 HCl，缓缓倒入一级实验水中
3	HCl 溶液（1+1）	一级实验水	100 mL	用量筒分别量取 HCl，缓缓倒入一级实验水中

续表

序号	所配试剂名称	所需试剂 名称	所需试剂 用量	配制过程
4	HNO_3 溶液（2+98）	HNO_3	20 mL	量取 HNO_3，缓缓倒入一级实验水中
		一级实验水	980 mL	
5	H_2SO_4 溶液（1+9）	H_2SO_4	100 mL	用量筒分别量取 H_2SO_4，缓缓加入一级实验水中
		一级实验水	900 mL	
6	$CH_4N_2S+C_6H_8O_6$ 溶液	CH_4N_2S	10 g	用分析天平称取 CH_4N_2S、$C_6H_8O_6$，随后用少量一级实验水将 CH_4N_2S、$C_6H_8O_6$ 溶解，溶解后转入容量瓶（规格为 100 mL）中，用一级实验水进行定容。临用现配
		$C_6H_8O_6$	10 g	
		一级实验水	—	
7	KOH 溶液（5 g/L）	KOH	5 g	用分析天平称取 5g KOH，随后用少量一级实验水将 KOH 溶解，溶解后转入容量瓶（规格为 1000 mL）中，用一级实验水进行定容
		一级实验水	1000 mL	
8	KBH_4 溶液（20 g/L）	KBH_4	20 g	用分析天平称取 KBH_4，溶于 KOH 溶液（5 g/L）中，再用 KOH 溶液（5 g/L）定容至 1000 mL，混匀。现配现用
		KOH 溶液（5 g/L）	1000 mL	

注：也可 $NaBH_4$ 溶液做还原剂，用 NaOH 溶液配置。

3. 标准品

（1）三氧化二砷标准品：纯度大于 99.5%。
（2）市售有证标准物质。

4. 标准溶液配制

标准溶液配制方法详见表 7-12 所列。

表 7-12　标准溶液配制方法一览表

序号	标准溶液名称	所需试剂	配制过程
1	砷标准储备液（100 mg/L，按 As 计）	As_2O_3 0.0132 g，NaOH 溶液（100 g/L），HCl 溶液，一级实验水	用分析天平称取 As_2O_3（100 ℃ 2h 干燥），加入 1 mL NaOH 溶液（100 g/L）和少量一级实验水将 As_2O_3 溶解，溶解后移入容量瓶（规格为 100 mL）中，再加适量 HCl 调整酸度为中性，最后用一级实验水定容。4 ℃ 避光保存 1 年
2	砷标准使用液（1.00 mg/L，按 As 计）	砷标准储备液（100 mg/L）1.00 mL，HNO_3 溶液（2+98）	用移液管吸取砷标准储备液（100 mg/L），加入容量瓶（规格为 100 mL）中，用 HNO_3 溶液（2+98）定容。现用现配
3	砷标准系列溶液（单位 ng/mL）（0.0、4.0、10、20、60、120）	砷标准使用液（1.00 mg/L）（单位 mL）0.00、0.10、50.25、0.50、1.5 和 3.0；H_2SO_4 溶液（1+9）12.5 mL，$CH_4N_2S+C_6H_8O_6$ 溶液，一级实验水	用移液管吸取系列砷标准使用液（1.00 mg/L），分别加入容量瓶（规格为 25 mL）中，随后在每个容量瓶中加入 H_2SO_4 溶液（1+9）和 $CH_4N_2S+C_6H_8O_6$ 溶液，再加一级实验水定容

注：也可用市售标准物质配置。

（四）仪器和设备

（1）原子荧光光谱仪。

（2）分析天平。

（3）组织匀浆器。

（4）高速粉碎机。

（5）控温电热板：50～200 ℃。

（6）马弗炉。

所有直接接触食品样品消化液或稀释液的容器用 20% 的硝酸浸泡放置过夜，随后依次用自来水和一级实验用水清洗干净。

（四）分析步骤

1. 试样预处理

（1）粮食、豆类样品

将样品中的杂质清理干净,粉碎,存放在塑料瓶中。

（2）蔬菜、水果、鱼类、肉类等样品

将样品清洗干净,自然晾干,用匀浆机将样品可以食用的部分匀浆,存放在塑料瓶中。

（3）液体样品

将液体样品摇匀。

食品样品在采样及制备环节不能被污染。

2. 固态食品样品消解

1）湿法消解

（1）称量 1.0～2.5 g 制备好的固态食品样品,置于锥形瓶内,称量最小精度为 0.001 g。

（2）用移液管分别在锥形瓶内加入 20 mL HNO_3、4 mL $HClO_4$ 和 1.25 mL H_2SO_4,玻璃珠数颗,盖上盖子过夜,再在电热板上进行加热消解,注意不要蒸干,随时补加 HNO_3。

（3）若消解后的溶液呈现无色透明或淡黄色,并有白烟,则继续消解至体积约为 2 mL。

（4）冷却后,再加入一级实验水 25 mL,继续消解至溶液呈现无色透明或淡黄色,有白烟后,便可用少量一级实验用水多次洗涤转入定容瓶（规格为 25 mL）,再加入 $CH_4N_2S+C_6H_8O_6$ 溶液 2.5 mL,随后用一级实验水定容。

（5）同步做 2 份空白试验。

2）干法灰化

（1）称量 1.0～2.5 g 制备好的固态食品样品,置于坩埚内,称量最小精度为 0.001 g。

（2）加入硝酸镁溶液（150 g/L）10 mL,小火加热蒸干,在干渣上覆盖 1 g MgO,小火加热使干渣炭化,待没有烟后,移入马弗炉消解,550 ℃下消解 4 h。

（3）冷却后，加入 10 mL HCl 溶液（1+1）溶解并移至容量瓶（规格为 25 mL）中，再加入 2 mL $CH_4N_2S+C_6H_8O_6$ 溶液，随后用硫酸溶液（1+9）多次洗涤并定容，放置 30 min 待测。

（4）同步做 2 份空白试验。

3. 液态食品样品消解

1）湿法消解

（1）用移液管移取 5.00～10.0 mL 制备好的液态食品样品，置于锥形瓶内。

（2）用移液管分别在锥形瓶内加入 20 mL HNO_3、4 mL $HClO_4$ 和 1.25 mL H_2SO_4，玻璃珠数颗，盖上盖子过夜，再在电热板上进行加热消解，注意不要蒸干，随时补加 HNO_3。

（3）若消解后的溶液呈现无色透明或淡黄色，并有白烟，则继续消解至体积约为 2 mL。

（4）冷却后，再加入一级实验水 25 mL，继续消解至溶液呈现无色透明或淡黄色，有白烟后，便可用少量一级实验用水多次洗涤转入定容瓶（规格为 25 mL），再加入 $CH_4N_2S+C_6H_8O_6$ 溶液 2.5 mL，随后用一级实验水定容。

（5）同步做 2 份空白试验。

2）干法灰化

（1）用移液管移取 4.00 mL 制备好的液态食品样品，置于坩埚内。

（2）加入硝酸镁溶液（150 g/L）10 mL，小火加热蒸干，在干渣上覆盖 1 g MgO，小火加热使干渣炭化，没有烟后移入马弗炉消解，550 ℃下消解 4 h。

（3）冷却后，加入 10 mL HCl 溶液（1+1）溶解并移至容量瓶（规格为 25 mL）中，再加入 2 mL $CH_4N_2S+C_6H_8O_6$ 溶液，随后用硫酸溶液（1+9）多次洗涤并定容，放置 30 min 待测。

（4）同步做 2 份空白试验。

4. 仪器参考条件

（1）负高压：260 V。

（2）砷空心阴极灯电流：50～80 mA。

（3）载气：氩气。

(4)载气流速:500 mL/min。

(5)屏蔽气流速:800 mL/min。

(6)测量方式:荧光强度。

(7)读数方式:峰面积。

5. 标准曲线制作

将硒标准系列溶液的低浓度标液到高浓度标液依次用原子荧光光谱仪进行测定,测定出荧光强度,得出荧光强度与标液浓度的线性关系。

6. 试样溶液的测定

将消解定容后的消化液(包括空白溶液和样品)用原子荧光光谱仪进行测定,测定出荧光强度,根据荧光强度与标液浓度的线性关系,得出砷的浓度。

(六)分析结果的表述

试样中砷含量的计算式为

$$X=[(c-c_0) \times V \times 1000]/(m \times 1000 \times 1000)$$

式中,X——食品样品中砷的含量,mg/kg 或 mg/L;

c——食品样品消解定容液中砷的质量浓度,ng/mL;

c_0——实验室空白溶液中砷的质量浓度,ng/mL;

1000——换算系数;

V——食品样品消解定容液的定容体积,mL;

m——食品样品质量或移取体积,g 或 mL。

计算结果保留两位有效数字。

(七)精密度

在同样的条件下,按照同样的操作步骤将混合均匀的样品进行两次测定,计算出两次结果的平均值。再将两次中的一次测定结果减去另一次的测定结果,得出的数据不应超过平均值的 20%。

（八）检出限

当固态食品样品称样量为 1 g，或液态食品样品取样量为 1 mL，消解完定容体积为 25 mL 时，本方法的检出限为 0.010 mg/kg（或 0.010 mg/L），定量限为 0.040 mg/kg（或 0.040 mg/L）。

八、汞的测定第一法——原子荧光光谱法

（一）适用范围

本方法适用于食品样品中汞的测定。

（二）基本原理

将食品样品制备消解后，形成消化液，以 $NaBH_4$ 溶液（8 g/L）为还原剂，还原成原子态汞。原子态汞随氩气进入原子荧光光谱仪，从基态到高能态再回基态过程中，发射特征波长的荧光，在一定浓度范围内，消化液中汞的浓度与荧光强度成正比，通过测出荧光强度，将其代入标准曲线线性关系公式中计算出食品中汞的浓度。

（三）试剂和材料

本方法所用的试剂为优级纯，配置试剂所用的水为一级实验用水，试剂若有其他的要求，会在试剂后备注。

1. 试剂

（1）硝酸（HNO_3）。
（2）过氧化氢（H_2O_2）。
（3）硫酸（H_2SO_4）。
（4）氢氧化钾（KOH）。
（5）硼氢化钾（KBH_4）：分析纯。
（6）重铬酸钾（$K_2Cr_2O_7$）。

2. 试剂配制

试剂配制方法详见表 7-13 所列。

表 7-13 试剂配制方法一览表

序号	所配试剂名称	所需试剂 名称	所需试剂 用量	配制过程
1	HNO_3 溶液（1+9）	HNO_3	50 mL	用量筒分别量取 HNO_3、一级实验水加入烧杯，随后用玻璃棒搅拌混匀
		一级实验水	450 mL	
2	HNO_3 溶液（5+95）	HNO_3	50 mL	用量筒分别量取 HNO_3、一级实验水加入烧杯，随后用玻璃棒搅拌混匀
		一级实验水	950 mL	
3	KOH 溶液（5 g/L）	KOH	5 g	用分析天平称取 5 g KOH，随后用少量一级实验水将 KOH 溶解，溶解后转入容量瓶（规格为 1000 mL），用一级实验水进行定容
		一级实验水	1000 mL	
4	KBH_4 碱溶液（5 g/L）	KBH_4	5 g	用分析天平称取 KBH_4，溶于 1000 mL KOH 溶液（5 g/L）中。现配现用
		KOH 溶液（5 g/L）	1000 mL	
5	$K_2Cr_2O_7$-HNO_3 溶液（0.5 g/L）	$K_2Cr_2O_7$	0.5 g	用分析天平称取 $K_2Cr_2O_7$，再用 HNO_3（5+95）将其溶解并用容量瓶（规格为 1000 mL）定容
		HNO_3（5+95）	—	

注：本方法也可用硼氢化钠作为还原剂。称取 3.5 g 硼氢化钠，用氢氧化钠溶液（3.5 g/L）溶解并定容至 1000 mL，混匀。临用现配。

3. 标准品

（1）氯化汞：纯度大于 99%。

（2）市售有证标准物质。

氯化汞的唯一 CAS 编号为 7487-94-7。

4. 标准溶液配制

标准溶液配制方法详见表 7-14 所列。

表 7-14 标准溶液配制方法一览表

序号	标准溶液名称	所需试剂	配制过程
1	汞标准储备液（1000 mg/L）	HgCl$_2$ 0.1354g，K$_2$Cr$_2$O$_7$-HNO$_3$ 溶液（0.5 g/L）	用分析天平称取 HgCl$_2$，用 K$_2$Cr$_2$O$_7$-HNO$_3$ 溶液将 HgCl$_2$ 溶解，转入容量瓶（规格为 100 mL），再用 K$_2$Cr$_2$O$_7$-HNO$_3$ 溶液定容。于 2～8℃避光保存 2 年
2	汞标准中间液（10.0 mg/L）	汞标准储备液（1000 mg/L）1.00 mL，K$_2$Cr$_2$O$_7$-HNO$_3$ 溶液（0.5 g/L）	用移液管吸取吸取汞标准储备液（1000 mg/L）1.00 mL，加入容量瓶（规格为 100mL），用 K$_2$Cr$_2$O$_7$-HNO$_3$ 溶液（0.5 g/L）定容。2～8℃避光保存 1 年
3	汞标准使用液（50.0 μg/L）	汞标准中间液（10.0 mg/L）1.00 mL，K$_2$Cr$_2$O$_7$-HNO$_3$ 溶液（0.5 g/L）	用移液管吸取汞标准中间液（10.0 mg/L）1.00 mL，加入容量瓶（规格为 200 mL），用 K$_2$Cr$_2$O$_7$-HNO$_3$ 溶液（0.5 g/L）定容。临用现配
4	汞标准系列溶液（单位 μg/L）（0.00、0.20、0.50、1.00、1.50、2.00、2.50）	汞标准使用液（50.0 μg/L）（单位 mL）0.00、0.20、0.50、1.00、1.50、2.00、2.50，HNO$_3$ 溶液（1+9）	用移液管吸取系列汞标准使用液（50.0 μg/L）分别加入容量瓶（规格为 50 mL），用 HNO$_3$ 溶液（1+9）定容。临用现配

注 1：也可用市售标准物质配置。
注 2：标准溶液系列浓度可根据实际情况配制。

（四）仪器和设备

（1）原子荧光光谱仪：配汞空心阴极灯。

（2）电子天平。

（3）微波消解系统。

（4）压力消解器。

（5）恒温干燥箱（50～300 ℃）。

（6）控温电热板（50～200 ℃）。

（7）超声水浴箱。

（8）匀浆机。

（9）高速粉碎机。

所有直接接触食品样品消化液或稀释液的容器用20%的硝酸浸泡放置过夜,随后依次用自来水、一级实验用水清洗干净。

(五)分析步骤

1. 试样制备

食品样品在采样及制备环节不能被污染。在采样和制备过程中,应避免试样被污染。

(1)粮食、豆类样品

将样品中的杂质清理干净,粉碎,存放在塑料瓶中。

(2)蔬菜、水果、鱼类、肉类等样品

将样品清洗干净,自然晾干,用匀浆机将样品可以食用的部分匀浆,存放在塑料瓶中。

(3)液体样品

将液体样品匀浆或均质。

2. 试样消解

1)微波消解法

(1)称量0.2~0.5 g制备好的固态食品样品,或1.0~3.0 g制备好的液态食品样品,置于消解罐内,称量最小精度为0.001 g。

(2)用移液管分别在消解罐内加入5~8 mL HNO_3、0.5~1 mL H_2O_2,摇匀,进行微波消解(微波消解的三个主要条件:温度/升温时间/时间依次为120 ℃/5 min/5 min、160 ℃/5 min/10 min 和 190 ℃/5 min/25 min)。

(3)微波消解结束后,用少量一级实验水冲洗内盖,再将消解罐在电热板上进行80 ℃下加热消解至棕色气体去除。

(4)将消解罐内的消化液转入容量瓶,用少量一级实验用水多次洗涤消解全罐并将洗涤液转入容量瓶(规格为25 mL),随后用一级实验水定容。

(5)同步做空白试验。

2)压力罐消解法

(1)称量0.2~1 g制备好的固态食品样品,或1.0~5.0 g制备好的液态食品样品,置于消解内罐内,称量最小精度为0.001 g。

（2）依次加入 5 mL HNO_3，将消解内罐盖子盖好，放置 1h，再将压力罐外套拧紧，移入恒温干燥箱内进行消解。将恒温干燥箱的温度设置为 150 ℃，根据需要可上下浮动 10 ℃；时间设置为 4.5 h，根据需要可上下浮动 0.5h。

（3）冷却后，在电热板（温度设置为 80 ℃以下）上加热至消解液中棕色气体去除。

（4）将消解液移至容量瓶（规格为 25 mL）中，用一级实验用水将移液管清洗 3 遍，并将清洗液移入容量瓶，随即用一级实验用水定容。

（5）同步做空白试验。

3）回流消化法

（1）粮食样品

①用分析天平称量 1.0～4.0 g 制备好的试样，称量最小精度为 0.001 g，置于锥形瓶中，依次加入几颗玻璃珠、45 mL HNO_3、10 mL H_2SO_4，转动锥形瓶。

②在锥形瓶上装上冷凝管，低温加热，一旦发泡，立即停止低温加热，发泡结束后，继续低温加热回流 2 h。如消化过程中溶液出现棕色，则继续加 5 mL HNO_3 回流 2 h，消解到样品呈淡黄色或无色透明。

③待冷却后从冷凝管上端小心加入 20 mL 水，继续加热回流 10 min，则回流消化结束。

④冷却后用适量一级实验水多次冲洗冷凝管，冲洗液全部并入消化液中，用玻璃棉将消化液过滤，将过滤液转入容量瓶（规格为 100 mL），用少量一级实验水分别多次洗涤锥形瓶和过滤器，洗涤液全部转入容量瓶，最后加入一级实验水定容。

⑤同步进行空白试验。

（2）植物油及动物油脂样品

①用分析天平称量 1.0～3.0 g 制备好的试样，称量最小精度为 0.001 g，置于锥形瓶中，依次加入几颗玻璃珠、40 mL HNO_3、7 mL H_2SO_4，转动锥形瓶。

②在锥形瓶上装上冷凝管，低温加热，一旦发泡，立即停止低温加热，发泡结束后，继续低温加热回流 2 h。如消化过程中溶液出现棕色，则继续加 5 mL HNO_3 回流 2 h，消解到样品呈淡黄色或无色透明。

③待冷却后从冷凝管上端小心加入 20 mL 水，继续加热回流 10 min，则回流消化结束。

④冷却后用适量一级实验水多次冲洗冷凝管,冲洗液全部并入消化液中,用玻璃棉将消化液过滤,将过滤液转入容量瓶(规格为100 mL),用少量一级实验水分别多次洗涤锥形瓶和过滤器,洗涤液全部转入容量瓶,最后加入一级实验水定容。

⑤同步进行空白试验。

(3)薯类、豆制样品

①用分析天平称量1.0~4.0 g制备好的试样,称量最小精度为0.001 g,置于锥形瓶中,依次加入几颗玻璃珠、30 mL HNO$_3$、5 mL H$_2$SO$_4$,转动锥形瓶。

②在锥形瓶上安装冷凝管,低温加热,一旦发泡,立即停止低温加热,发泡结束后,继续低温加热回流2 h。如消化过程中溶液出现棕色,则继续加5 mL HNO$_3$回流2 h,消解到样品呈淡黄色或无色透明。

③待冷却后从冷凝管上端小心加入20 mL水,继续加热回流10 min,则回流消化结束。

④冷却后用适量一级实验水多次冲洗冷凝管,冲洗液全部并入消化液,用玻璃棉将消化液过滤,将过滤液转入容量瓶(规格为100 mL),用少量一级实验水分别多次洗涤锥形瓶和过滤器,洗涤液全部转入容量瓶,最后加入一级实验水定容。

⑤同步进行空白试验。

(4)肉、蛋类样品

①用分析天平称量0.5~2.0 g制备好的试样,称量最小精度为0.001 g,置于锥形瓶中,依次加入几颗玻璃珠、30 mL HNO$_3$、5 mL H$_2$SO$_4$,转动锥形瓶。

②在锥形瓶上装上冷凝管,低温加热,一旦发泡,立即停止低温加热,发泡结束后,继续低温加热回流2 h。如消化过程中溶液出现棕色,则继续加5 mL HNO$_3$回流2 h,消解到样品呈淡黄色或无色透明。

③待冷却后从冷凝管上端小心加入20 mL水,继续加热回流10 min,则回流消化结束。

④冷却后用适量一级实验水多次冲洗冷凝管,冲洗液全部并入消化液中,用玻璃棉将消化液过滤,将过滤液转入容量瓶(规格为100 mL),用少量一级实验水分别多次洗涤锥形瓶和过滤器,洗涤液全部转入容量瓶,最后加入一级实验水定容。

⑤同步进行空白试验。

（5）乳及乳制品样品

①用分析天平称量 1.0～4.0 g 制备好的试样，称量最小精度为 0.001 g，置于锥形瓶中，依次加入几颗玻璃珠、30 mL HNO_3、H_2SO_4（乳 10 mL、乳制品 5 mL），转动锥形瓶。

②在锥形瓶上装上冷凝管，低温加热，一旦发泡，立即停止低温加热，发泡结束后，继续低温加热回流 2 h。如消化过程中溶液出现棕色，则继续加 5 mL HNO_3 回流 2 h，消解到样品呈淡黄色或无色透明。

③待冷却后从冷凝管上端小心加入 20 mL 水，继续加热回流 10 min，则回流消化结束。

④冷却后用适量一级实验水多次冲洗冷凝管，冲洗液全部并入消化液中，用玻璃棉将消化液过滤，将过滤液转入容量瓶（规格为 100 mL），用少量一级实验水分别多次洗涤锥形瓶和过滤器，洗涤液全部转入容量瓶，最后加入一级实验水定容。

⑤同步进行空白试验。

3. 测定

1）仪器参考条件

（1）光电倍增管负高压：240 V。

（2）汞空心阴极灯电流：30 mA。

（3）原子化器温度：200 ℃。

（4）载气流速：500 mL/min。

（4）屏蔽气流速：1000 mL/min。

2）标准曲线的制作

（1）连续用 0 μg/L 的汞标准溶液进样，直至读数稳定。

（2）将汞标准系列溶液的低浓度标液到高浓度标液依次用原子荧光光谱仪进行测定，测定出荧光强度，得出荧光强度与标液浓度的线性关系。

3）试样溶液的测定

先用 HNO_3（1+9）进样至读数基本归零，再将消解定容后的消化液（包括空白溶液和样品）用原子荧光光谱仪进行测定，测定出荧光强度，根据荧光强度与标液浓度的线性关系，得出汞的浓度。

（六）分析结果的表述

试样中汞含量的计算式为

$$X=[(\rho-\rho_0)\times V\times 1000]/(m\times 1000\times 1000)$$

式中，X——食品样品中汞的含量，mg/kg；

ρ——食品样品消解定容液中汞的质量浓度，μg/L；

ρ_0——实验室空白溶液中汞的质量浓度，μg/L；

1000——换算系数；

V——食品样品消解定容液的定容体积，mL；

m——食品样品质量或移取体积，g。

（七）精密度

（1）当食品样品中汞含量大于 1 mg/kg 时，在同样的条件下，按照同样的操作步骤将混合均匀的样品进行两次测定，计算两次结果的平均值。再将两次中的一次测定结果减去另一次的测定结果，得出的数据不应超过平均值的 10%。

（2）当食品样品中汞含量小于等于 1 mg/kg 时，在同样的条件下，按照同样的操作步骤将混合均匀的样品进行两次测定，计算出两次结果的平均值。再将两次中的一次测定结果减去另一次的测定结果，得出的数据应该超过平均值的 15%。

（3）当食品样品中汞含量等于 0.1 mg/kg 时，在同样的条件下，按照同样的操作步骤将混合均匀的样品进行两次测定，计算两次结果的平均值。再将两次中的一次测定结果减去另一次的测定结果，得出的数据不应超过平均值的 20%。

（八）其他

当食品样品称样量为 0.5 g，消解完定容体积为 25 mL 时，本方法的检出限为 0.003 mg/kg，定量限为 0.01 mg/kg。

第二节 生 物 毒 素

一、概述

全球环境污染问题带给人们越来越多的挑战,同时,人民经济收入不断增长,对生活质量的要求也越来越高,对食品安全和环境质量的关注也随之提高。虽然人们日常关注更多的是重金属残留和农药残留,但生物毒素的危害也越来越受到重视。生物毒素结构比较复杂,开发研究生物毒素的研究方法迫在眉睫,本节将分析三种毒素的检测分析方法。

二、黄曲霉素 B_1 的测定

(一)范围

本方法适用于生晒参中黄曲霉素 B_1 的测定。本标准的检出限为 1 μg/kg,测定范围为 0.5 ~ 100 μg/L。

(二)原理

先将食品样品研磨过筛,然后用乙腈和一级实验水组成的混合液对食品样品中的黄曲霉素 B_1 进行提取,得到提取液,再将提取液进行过滤、净化等处理,得到净化液。净化液先进行衍生,衍生后用液相色谱仪分析。通过标准溶液制作线性关系公式,然后通过线性关系公式得到食品样品中的黄曲霉素 B_1 浓度。

(三)试剂和材料

除另有规定外,本方法所用试剂均为分析纯。
(1)水,符合 GB/T 6682 规定的一级水要求。
(2)乙腈。

（3）乙腈,色谱纯。

（4）三氟乙酸。

（5）正己烷。

（6）乙腈-水提取液。体积比84∶16,乙腈为本节"（三）试剂和材料"中（2）的纯度。

（7）水-乙腈溶液。体积比85∶15,乙腈为本节"（三）试剂和材料（3）"的纯度。

（8）标准储备液（20 000 mg/L）。分别准确称取黄曲霉素 B_1 0.2000 g（精确至0.0001 g）,置于10 mL容量瓶中,加本节"（三）试剂和材料（3）"的乙腈稀释容量瓶的刻度线。此溶液密封后避光-30 ℃保存,两年有效。

（9）标准工作液（200 mg/L）。用移液管吸取标准储备液0.100 mL,转入容量瓶中,容量瓶的规格为10 mL,加本节"（三）试剂和材料（3）"的乙腈稀释容量瓶的刻度线。避光4 ℃保存,60 d内有效。

（10）标准系列溶液：根据需要,用移液管吸取系列标准工作液,转入容量瓶中,容量瓶的规格为10 mL,加本节"（三）试剂和材料（3）"的乙腈稀释容量瓶的刻度线。避光保存。

（四）仪器和设备

（1）液相色谱仪：具荧光检测器。

（2）可调式振荡器。

（3）涡旋混合器。

（4）烘箱。

（5）氮吹仪。

（6）离心机。

（7）植物样本粉碎机。

（8）分析天平：感量0.1 mg。

（9）含有反向离子交换吸附剂的多功能净化柱。

（五）样品制备

1. 试样制备

将食品样品中的杂质去除干净,然后用研磨机将食品样品磨细,将能过20目筛子的研磨后的食品样品放入干净的玻璃容器中。

在采样和制备过程中,应避免试样被污染。

2. 提取

用分析天平称取食品样品20 g,最小精度为0.001 g。转入带盖子的锥形瓶中,锥形瓶规格为250 mL,再在锥形瓶中加"(三)试剂和材料"中乙腈 – 水,添加体积为80 mL,再在振荡器上振荡0.5 h,然后用滤纸过滤,收集滤液。

3. 净化

(1)移取约8 mL提取液至多功能净化柱的玻璃管中。
(2)将多功能净化柱的填料管插入玻璃管中并缓慢推动填料管。
(3)将净化液收集到多功能净化柱的收集池中。

4. 衍生化

(1)取本节的"3.净化"中收集池的净化液2 mL转入棕色样品瓶中,再在水浴加热的条件下用氮气吹干,水浴的温度设置为60 ℃。

(2)往棕色样品瓶中依次加入"(三)试剂和材料"中的正己烷和1,3中的三氟乙酸,添加的体积分别为200 μL和100 μL,再将棕色样品瓶密闭,混合均匀30 s。

(3)将棕色样品瓶放入烘箱内加热,加热温度设置为40 ℃,可上下浮动1 ℃,加热时间设置为15 min。

(4)加热结束后,冷却至室温,再在水浴的条件下用氮气吹干,水浴的温度设置为常温。加入"(三)试剂和材料"中的水 – 乙腈溶解,添加体积为200 μL,混合均匀30 s。

(5)将棕色玻璃瓶置于离心机中离心,离心转速设置为1000 r/min,离心时间设置为15 min。

(6)取棕色玻璃瓶上清液,供测定用。

5. 标准系列溶液的衍生化

(1)吸取标准系列溶液200 μL转入棕色样品瓶中,再在水浴加热的条件下用氮气吹干,水浴的温度设置为60 ℃。

(2)往棕色样品瓶中依次加入"(三)试剂和材料"中的正己烷和1,

3中的三氟乙酸,添加的体积分别为 200 μL 和 100 μL,再将棕色样品瓶密闭,混合均匀 30 s。

(3)将棕色样品瓶放入烘箱内加热,加热温度设置为 40 ℃,可上下浮动 1 ℃,加热时间设置为 15 min。

(4)加热结束后,冷却至室温,再在水浴的条件下用氮气吹干,水浴的温度设置为常温。加入"(三)试剂和材料"中的水 – 乙腈溶解,添加体积为 200 μL,混合均匀 30 s。

(5)将棕色玻璃瓶置于离心机中离心,离心转速设置为 1000 r/min,离心时间设置为 15 min。

(6)取棕色玻璃瓶上清液,供测定用。

6. 测定

1)液相色谱参考条件

(1)色谱柱。

(2)柱温:30 ℃。

(3)流动相。

流动相的梯度变化可参考表 7-14 所列。

表 7-14 流动相的梯度变化

时间 /min	乙腈 /%	水 /%
0.00	15.0	85.0
6.00	17.0	83.0
8.00	25.0	75.0
14.00	15.0	85.0

(4)流速:0.5 mL/min。

(5)荧光检测器:激发和发射的波长分别为 360 nm 和 440 nm。

(6)进样量:25 μL。

2)色谱分析

用系列标准溶液中黄曲霉素 B_1 色谱峰的峰面积和系列标准溶液中黄曲霉素 B_1 的浓度制作线性关系公式。试样通过与标准色谱图保留时间的比较定性,根据黄曲霉素 B_1 的标准曲线及试样中的峰面积计算试样中的黄曲霉素 B₁ 含量。

3）色谱图

黄曲霉素混合标准溶液的色谱图如图 7-1 所示。

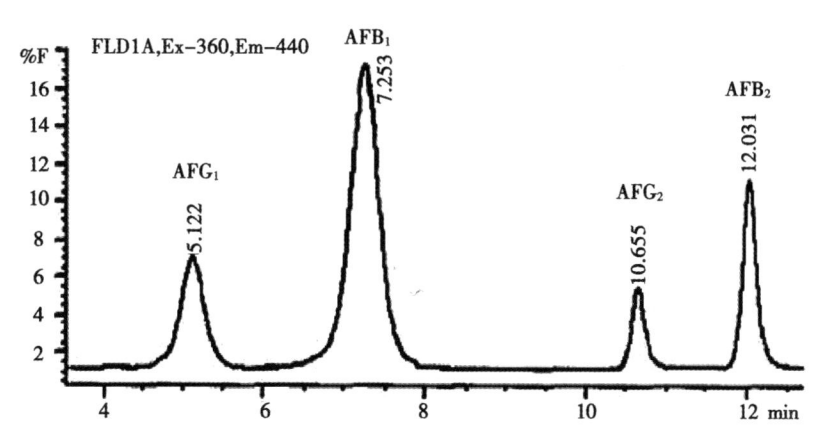

1—黄曲霉素 G₁；2—黄曲霉素 B₁；3—黄曲霉素 G₂；4—黄曲霉素 B₂。

图 7-1　黄曲霉素混合标准溶液的色谱图

（六）结果计算

样品中黄曲霉素 B₁ 的含量计算式为

$$X = (A \times V) / (m \times f)$$

式中，X——食品样品中黄曲霉素 B₁ 的含量，µg/kg；

A——食品样品按线性关系公式计算出的浓度，µg/L；

V——食品样品提取液的体积，mL；

f——试样溶液衍生后较衍生前的浓缩倍数；

m——食品样品质量，g。

计算结果保留三位有效数字。

（七）精密度

在同样的条件下，按照同样的操作步骤将混合均匀的样品进行两次测定，计算出两次结果的平均值。再将两次中的一次测定结果减去另一次的测定结果，得出的数据不应超过平均值的 15%。

三、赭曲霉毒素 A 的测定

（一）适用范围

本方法适用于各类食品中赭曲霉毒素 A 的测定。

（二）基本原理

先将食品样品制备好，然后用提取试剂对食品样品中的赭曲霉毒素 A 进行提取，得到提取液，再将提取液经过过滤、净化等程序，得到净化液。用液相色谱仪对净化液进行分析。通过标准溶液制作线性关系公式，然后通过用线性关系公式得到食品样品中的赭曲霉毒素 A 的浓度。

（三）试剂和材料

以下试剂为分析纯，实验用水为国家用水标准中的一级水，特殊的纯度或水的级别会单独说明。

1. 试剂

（1）甲醇（CH_3OH）：色谱纯。

（2）乙腈（CH_3CN）：色谱纯。

（3）冰乙酸（$C_2H_4O_2$）：色谱纯。

（4）氯化钠（NaCl）。

（5）聚乙二醇。

（6）吐温 20（$C_{58}H_{114}O_{26}$）。

（7）碳酸氢钠（$NaHCO_3$）。

（8）磷酸二氢钾（KH_2PO_4）。

（9）浓盐酸（HCl）。

（10）氮气（N_2）：纯度为 99.9%。

2. 试剂配制

试剂配制方法详见表 7-15 所列。

表 7-15　试剂配制方法一览表

序号	所配试剂名称	所需试剂 名称	用量	配制过程
1	提取液Ⅰ	甲醇	80 mL	用量筒分别量取甲醇、一级实验水加入烧杯,随后用玻璃棒搅拌混匀
		一级实验水	20 mL	
2	提取液Ⅱ	氯化钠	150.0 g	用分析天平分别称取氯化钠、碳酸氢钠,加入适量一级实验水将氯化钠、碳酸氢钠溶解,溶解后转入1000 mL容量瓶,用一级实验水进行定容
		碳酸氢钠	20.0 g	
		一级实验水	—	
3	提取液Ⅲ	乙腈	60 mL	用量筒分别量取乙腈、一级实验水加入烧杯,随后用玻璃棒搅拌混匀
		一级实验水	40 mL	
4	冲洗液	氯化钠	25.0 g	用分析天平分别称取氯化钠、碳酸氢钠,加入适量一级实验水将氯化钠、碳酸氢钠溶解,溶解后转入1000 mL容量瓶,用一级实验水进行定容
		碳酸氢钠	5.0 g	
		一级实验水	—	
5	真菌毒素清洗缓冲液	氯化钠	25.0 g	用分析天平分别称取氯化钠、碳酸氢钠,加入适量一级实验水将氯化钠、碳酸氢钠溶解,再加入吐温20,溶解后转入1000 mL容量瓶,用一级实验水进行定容
		碳酸氢钠	5.0 g	
		吐温20	0.1 mL	
		一级实验水	—	
6	磷酸盐缓冲液	氯化钠	8.0 g	用分析天平分别称取氯化钠、磷酸氢钠、磷酸二氢钾和磷酸二氢钾,加入990 mL一级实验水将氯化钠、磷酸氢钠、磷酸二氢钾和磷酸二氢钾溶解,再加入吐温20,用浓盐酸调节pH值至7.0,溶解后转入1000 mL容量瓶,用一级实验水进行定容
		磷酸氢钠	1.2 g	
		磷酸二氢钾	0.2 g	
		氯化钾	0.2 g	
		浓盐酸	—	
		一级实验水	—	
7	碳酸氢钠溶液（10 g/L）	碳酸氢钠	1.0 g	用分析天平分别称取碳酸氢钠,加入适量一级实验水将碳酸氢钠溶解,溶解后转入100 mL容量瓶,用一级实验水进行定容
		一级实验水	—	

续表

序号	所配试剂名称	所需试剂 名称	所需试剂 用量	配制过程
8	淋洗缓冲液	磷酸盐缓冲液	1000 mL	在 1000 mL 磷酸盐缓冲液中加入 1.0 mL 吐温 20
		吐温 20	1.0 mL	

3. 标准品

（1）赭曲霉毒素 A：纯度为 99%。

（2）市售有证标准物质。

赭曲霉毒素 A（$C_{20}H_{18}ClNO_6$）的唯一 CAS 编号为 303-47-9。

4. 标准溶液配制

标准溶液配制方法详见表 7-16 所列。

表 7-16 标准溶液配制方法一览表

序号	标准溶液名称	所需试剂	配制过程
1	赭曲霉毒素 A 标准储备液	赭曲霉毒素 A 标准品，甲醇-乙腈（50+50）	根据需要的浓度制定配置设计方案，再根据配置设计方案用分析天平称取赭曲霉毒素 A 标准品，用甲醇-乙腈（体积比为 1:1）溶解，配成标准储备液。本方法为 0.1 mg/mL
2	赭曲霉毒素 A 标准工作液（1 ng/mL、5 ng/mL、10 ng/mL、20 ng/mL、50 ng/mL）	赭曲霉毒素 A 标准储备液，流动相	根据需要的系列标准工作液浓度制定配置设计方案，再根据配置设计方案用移液管吸取系列赭曲霉毒素 A 标准储备液，用流动相稀释，分别配成赭曲霉毒素 A 标准工作液，4 ℃ 保存，可使用 7 d

注：也可用市售标准物质配置。

5. 材料

（1）赭曲霉毒素 A 免疫亲和柱：柱规格为 1 mL 或 3 mL，柱容量等于 100 ng，或等效柱。

（2）定量滤纸。

（3）玻璃纤维滤纸。

（四）仪器和设备

（1）分析天平：感量 0.001 g。

（2）高效液相色谱仪，配荧光检测器。

（3）高速均质器：转速为 12 000 r/min。

（4）玻璃注射器：10 mL。

（5）试验筛：孔径 1 mm。

（6）空气压力泵。

（7）超声波发生器：功率大于 180 W。

（8）氮吹仪。

（9）离心机：转速为 10 000 r/min。

（10）涡旋混合器。

（11）往复式摇床：250 r/min。

（12）pH 计：精度为 0.01。

（五）分析步骤

1. 试样制备与提取

1）谷物、油料及其制品

（1）粮食和粮食制品

颗粒状样品需全部粉碎通过试验筛（孔径 1 mm），混匀后备用。

提取方法 1：

①用分析天平称取制备好的食品样品，称量重量为 25 g，加入"2.试剂配制"中的提取液Ⅲ，加入体积为 100 mL。

②用高速均质器均质 3 min，均质结束后用滤纸进行过滤，得到滤液。

③用移液管准确移取 4 mL 滤液加入"2.试剂配制"中的磷酸盐缓

冲液(体积为 26 mL)中,混匀。

④随后转入离心机中离心,离心机转速设置为 8000 r/min,时间设置为 5 min,离心后的上清液作为滤液 A。

提取方法 2：

①用分析天平称取制备好的食品样品,称量重量为 25 g,加入"2.试剂配制"中的提取液Ⅰ,加入体积为 100 mL。

②用高速均质器均质 3 min,均质结束后用滤纸进行过滤,得到滤液。

③用移液管准确移取 10 mL 滤液加入"2.试剂配制"中的磷酸盐缓冲液(体积为 40 mL)中,混匀。

④随后用玻璃纤维滤纸过滤,滤液记为滤液 B。

（2）食用植物油

①用分析天平称取制备好的食品样品,称量重量为 5 g,加入"2.试剂配制"中的提取液Ⅰ,加入体积为 25 mL,同步加入 NaCl,加入重量为 1 g。

②用振荡器振荡 0.5 h,结束后转入离心机中离心,离心机转动频率设置为 6000 r/min,时间设置为 10 min。

③将离心后的上清液加入"2.试剂配制"中的磷酸盐缓冲液(体积为 30 mL)中,混匀。

④随后用玻璃纤维滤纸过滤,滤液记为滤液 C。

（3）大豆、油菜籽

①用分析天平称取制备好的食品样品,称量重量为 50 g,加入"2.试剂配制"中的提取液Ⅲ,加入体积为 100 mL,同步加入 NaCl,加入重量为 1 g。

②用高速均质器均质 1 min,均质结束后用滤纸进行过滤,得到滤液。

③用移液管准确移取 10 mL 滤液加入 40 mL 一级实验水中,混匀。

④随后用玻璃纤维滤纸过滤,滤液记为滤液 D。

2）酒类

①用分析天平称取制备好的食品样品(不能含有 CO_2),称量重量为 20 g,转入容量瓶中,容量瓶的规格为 25 mL,然后加入"2.试剂配制"中的提取液Ⅲ定容到刻度线,混合均匀。

②随后用玻璃纤维滤纸过滤,滤液记为滤液 E。

3）酱油、醋、酱及酱制品

①用分析天平称取制备好的食品样品,称量重量为 25 g,转入容量瓶中,容量瓶的规格为 50 mL,然后加入"2.试剂配制"中的提取液Ⅲ定容到刻度线,混合均匀。

②随后用玻璃纤维滤纸过滤,滤液记为滤液 F。

4）葡萄干

①用分析天平称取制备好的食品样品,称量重量为 50 g,加入"2.试剂配制"中的碳酸氢钠溶液,加入体积为 100 mL。

②用高速均质器均质 1 min,均质结束后用滤纸进行过滤,得到滤液。

③用移液管准确移取 10 mL 滤液加入 40 mL "2.试剂配制"中的淋洗缓冲液中,混匀,

④随后用玻璃纤维滤纸过滤,滤液记为滤液 G。

5）胡椒粒/粉

①用分析天平称取制备好的食品样品,称量重量为 25 g,加入"2.试剂配制"中的碳酸氢钠溶液,加入体积为 100 mL。

②用高速均质器均质 1 min,均质结束后转入离心机中离心,离心机转速设置为 4000 r/min,时间设置为 15 min。

③用移液管准确移取 20 mL 滤液加入 40 mL "2.试剂配制"中的淋洗缓冲液中,混匀。

④随后用玻璃纤维滤纸过滤,滤液记为滤液 H。

2.试样净化

1）谷物、油料及其制品

（1）粮食和粮食制品

①将净化柱（即免疫亲和柱）与玻璃注射器相连,将"谷物、油料及其制品"中（1）中的滤液 A 或滤液 B 转入玻璃注射器中,转入体积为 20 mL。

②将空气压力泵与玻璃注射器相连,通过调节空气压力泵压力的方式,使玻璃注射器内的滤液 A 或滤液 B 以每秒 1 滴的速度通过净化柱,一直到有空气进入。

③随后用"2.试剂配制"中的真菌毒素清洗缓冲液清洗净化柱,洗完后接着用一级实验水清洗净化柱,所用体积均为 10 mL,同样通过调

节空气压力泵压力的方式,使玻璃注射器内的溶液以每秒 1 滴的速度通过净化柱。

④上面流出液全部不要,再用空气压力泵将净化柱抽干。

(2)食用植物油

①将净化柱与玻璃注射器相连,将"谷物、油料及其制品"中(2)中的滤液 C 转入玻璃注射器,转入体积为 30 mL。

②将空气压力泵与玻璃注射器相连,通过调节空气压力泵压力的方式,使玻璃注射器内的滤液 C 以每秒 1 滴的速度通过净化柱,一直到有空气进入。

③随后用"2. 试剂配制"中的真菌毒素清洗缓冲液清洗净化柱,洗完后接着用一级实验水清洗净化柱,所用体积均为 10 mL,同样通过调节空气压力泵压力的方式,使玻璃注射器内的溶液以每秒 1 滴的速度通过净化柱。

④上面流出液全部不要,再用空气压力泵将净化柱抽干。

(3)大豆、油菜籽

①将净化柱与玻璃注射器相连,将"谷物、油料及其制品"中(3)中的滤液 D 转入玻璃注射器中,转入体积为 10 mL。

②将空气压力泵与玻璃注射器相连,通过调节空气压力泵压力的方式,使玻璃注射器内的滤液 D 以每秒 1 滴的速度通过净化柱,一直到有空气进入。

③随后用"2. 试剂配制"中的真菌毒素清洗缓冲液清洗净化柱,洗完后接着用一级实验水清洗净化柱,所用体积均为 10 mL,同样通过调节空气压力泵压力的方式,使玻璃注射器内的溶液以每秒 1 滴的速度通过净化柱。

④上面流出液全部不要,再用空气压力泵将净化柱抽干。

2)酒类

(1)将净化柱与玻璃注射器相连,将"酒类"中的滤液 E 转入玻璃注射器,转入体积为 10 mL。

(2)将空气压力泵与玻璃注射器相连,通过调节空气压力泵压力的方式,使玻璃注射器内的滤液 E 以每秒 1 滴的速度通过净化柱,一直到有空气进入。

(3)随后用"2. 试剂配制"中的冲洗液清洗净化柱,洗完后接着用一级实验水清洗净化柱,所用体积均为 10 mL,同样通过调节空气压力泵压力的方式,使玻璃注射器内的溶液以每秒1滴的速度通过净化柱。

（4）上面流出液全部不要,再用空气压力泵将净化柱抽干。

3）酱油、醋、酱及酱制品

（1）将净化柱与玻璃注射器相连,将"酱油、醋、酱及酱制品"中的滤液 F 转入玻璃注射器中,转入体积为 10 mL。

（2）将空气压力泵与玻璃注射器相连,通过调节空气压力泵压力的方式,使玻璃注射器内的滤液 F 以每秒1滴的速度通过净化柱,一直到有空气进入。

（3）随后"用 2. 试剂配制"中的真菌毒素清洗缓冲液清洗净化柱,洗完后接着用一级实验水清洗净化柱,所用体积均为 10 mL,同样通过调节空气压力泵压力的方式,使玻璃注射器内的溶液以每秒1滴的速度通过净化柱。

（4）上面流出液全部不要,再用空气压力泵将净化柱抽干。

4）葡萄干

（1）将净化柱与玻璃注射器相连,将"葡萄干"中的滤液 G 转入玻璃注射器,转入体积为 10 mL。

（2）将空气压力泵与玻璃注射器相连,通过调节空气压力泵压力的方式,使玻璃注射器内的滤液 G 以每秒1滴的速度通过净化柱,一直到有空气进入。

（3）随后用"用 2. 试剂配制"中的淋洗缓冲液清洗净化柱,洗完后接着用一级实验水清洗净化柱,所用体积均为 10 mL。同样,通过调节空气压力泵压力的方式,使玻璃注射器内的溶液以每秒1滴的速度通过净化柱。

（4）上面的流出液全部不要,再用空气压力泵将净化柱抽干。

5）胡椒粒/粉

（1）将净化柱与玻璃注射器相连,将"胡椒粒/粉"中的滤液 H 转入玻璃注射器,转入体积为 10 mL。

（2）将空气压力泵与玻璃注射器相连,通过调节空气压力泵压力的方式,使玻璃注射器内的滤液 H 以每秒1滴的速度通过净化柱,一直到有空气进入。

（3）随后用"2. 试剂配制"中的淋洗缓冲液清洗净化柱,洗完后接着用一级实验水清洗净化柱,所用体积均为 10 mL,同样通过调节空气压力泵压力的方式,使玻璃注射器内的溶液以每秒 1 滴的速度通过净化柱。

(4)上面流出液全部不要,再用空气压力泵将净化柱抽干。

3. 洗脱

(1)用甲醇对净化柱进行洗脱,甲醇所用体积为 1.5 mL,通过净化柱为每秒 1 滴的速度。

(2)将全部洗脱液进行收集,在水浴加热的条件下用氮气吹干,加热温度设置为 45 ℃。

(3)最后用液相色谱仪的流动相进行溶解,定容到 500 μL,等待分析。

4. 试样测定

1)高效液相色谱参考条件

高效液相色谱参考条件如下。

(1)色谱柱:C18 柱。

(2)流动相:乙腈 – 水 – 冰乙酸(96+102+2)。

(3)流速:1.0 mL/min。

(4)柱温:35 ℃。

(5)进样量:50 μL。

(6)检测波长:激发和发射的波长分别为 333 nm 和 460 nm。

2)色谱测定

在高效液相色谱条件下,将系列标准溶液从低浓度到高浓度依次注入液相色谱仪分析,将系列标准溶液中赭曲霉毒素 A 在液相色谱仪上色谱峰的峰面积与对应的浓度进行统计,以浓度为横坐标,峰面积为纵坐标,得出两者间的线性关系公式,计算式为

$$y=ax+b$$

式中,y——目标物质的峰面积比;

a——回归曲线的斜率;

x——目标物质的浓度;

b——回归曲线的截距。

3)空白试验

同步进行试剂空白试验。

（六）分析结果的表述

试样中赭曲霉毒素 A 的含量计算式为

$$X=[(\rho \times V \times 1000)/(m \times 1000)] \times f$$

式中，X——试样中赭曲霉毒素 A 的含量，μg/kg；

ρ——试样测定液按外标法在标准曲线中对应的浓度，ng/mL；

V——试样测定液最终定容体积，mL；

1000——换算系数；

m——试样质量，g；

f——稀释倍数。

结果以独立两次测定结果的平均值报出。

（七）精密度

在同样的条件下，按照同样的操作步骤将混合均匀的样品进行两次测定，计算两次结果的平均值。再将两次中的一次测定结果减去另一次的测定结果，得出的数据不应超过平均值的 15%。

（八）其他

不同食品赭曲霉毒素 A 的检出限和定量限详见表 7-17 所列。

表 7-17　不同食品赭曲霉毒素 A 的检出限和定量限一览表

食品类别	检出限	定量限
粮食和粮食制品、食用植物油、大豆、油菜籽、葡萄干、胡椒粒/粉	0.3 μg/kg	1 μg/kg
酒类	0.1 μg/kg	0.3 μg/kg
酱油、醋、酱及酱制品	0.5 μg/kg	1.5 μg/kg

第八章 食品农药残留检测

第一节 概 述

我国经济发展速度越来越快,人民生活水平也越来越高,对生活品质和健康也更加关注。因为种植的果蔬会遭受病虫害侵害,降低产量,减少经济效益,喷洒农药就成为果蔬种植中一种常见的预防病虫害的措施。然而喷洒农药会造成果蔬表皮农药残留,极易成为影响人们健康的危险因素,严重时可能会对人们生命安全造成危害。因此,采用科学方式,针对果蔬农药残留进行相关检测,已经成为产品销售的重要工作。如果在检测时查到存在农药残留,应立即将这种不合格果蔬销毁,从源头上保护消费者健康。果蔬如果有 1 mg 有机磷残留,就会让人体产生中毒反应,剂量较大则会直接危及生命。所以,一定要对果蔬农药残留进行准确检测,坚决杜绝存在安全隐患的果蔬因管理不当而误入市场,影响消费者健康安全。

在实际检测工作中,相关人员要积极深入一线,询问种植户真实农药使用情况,明确农药使用种类。同时,要落实农药使用指导,保证种植户可以正确用药,避免多用农药,造成严重食品风险。将标准化、绿色化的高质量果蔬种植大面积推广,从而避免果蔬存在严重农药残留,保障果蔬的质量安全。

第二节 有机磷农药的测定

(一)适用范围

本方法适用于各类动物源食品中有机磷农药的测定。

(二)基本原理

先将食品样品捣碎均匀,用一级实验水和丙酮提取捣碎均匀后的食品样品中的有机磷农药,加入二氯甲烷,再通过一系列化净化后,注入气相色谱质谱仪中分析,定量方式为外标法。

(三)试剂和材料

以下试剂为分析纯,实验用水为国家用水标准中的一级水,特殊的纯度或水的级别会单独说明。

1. 试剂

(1)丙酮(C_3H_6O):残留级。
(2)二氯甲烷(CH_2Cl_2):残留级。
(3)环己烷(C_6H_{12}):残留级。
(4)乙酸乙酯($C_4H_8O_2$):残留级。
(5)正己烷(C_6H_{14}):残留级。
(6)氯化钠(NaCl)。

2. 溶液配制

试剂配制方法详见表8-1所列。

表 8-1 试剂配制方法一览表

序号	所配试剂名称	所需试剂 名称	所需试剂 用量	配制过程
1	无水硫酸钠	—	—	将无水硫酸钠置于 650 ℃ 灼烧 4 h,贮于密封容器中备用
2	NaCl 水溶液（5%）	NaCl	5.0 g	用分析天平称取 NaCl,加入少量一级实验水将其溶解,随后转入规格为 100 mL 的容量瓶,用一级实验水添加到容量瓶的刻度线
2	NaCl 水溶液（5%）	一级实验水	100 mL	用分析天平称取 NaCl,加入少量一级实验水将其溶解,随后转入规格为 100 mL 的容量瓶,用一级实验水添加到容量瓶的刻度线
3	乙酸乙酯-正己烷（1+1,V/V）	乙酸乙酯	100 mL	用量筒分别量取乙酸乙酯、正己烷加入烧杯,随后用玻璃棒搅拌混匀
3	乙酸乙酯-正己烷（1+1,V/V）	正己烷	100 mL	用量筒分别量取乙酸乙酯、正己烷加入烧杯,随后用玻璃棒搅拌混匀
4	环己烷-乙酸乙酯（1+1,V/V）	环己烷	100 mL	用量筒分别量取环己烷、乙酸乙酯加入烧杯,随后用玻璃棒搅拌混匀
4	环己烷-乙酸乙酯（1+1,V/V）	乙酸乙酯	100 mL	用量筒分别量取环己烷、乙酸乙酯加入烧杯,随后用玻璃棒搅拌混匀

3. 标准品

（1）10 种有机磷农药标准品：纯度均为 95%。

（2）10 种有机磷农药种类如下。

敌敌畏的化学分子式为 $C_4H_7Cl_2O_4P$。

敌敌畏的唯一 CAS 编号为 000062-73-7。

二嗪磷的化学分子式为 $C_{12}H_{21}N_2O_3PS$。

二嗪磷的唯一 CAS 编号为 000333-41-5。

皮蝇磷的化学分子式为 $C_8H_8Cl_3O_3PS$。

皮蝇磷的唯一 CAS 编号为 000299-84-3。

杀螟硫磷的化学分子式为 $C_9H_{12}NO_5PS$。

杀螟硫磷的唯一 CAS 编号为 000122-14-5。

马拉硫磷的化学分子式为 $C_{10}H_{19}O_6PS_2$。

马拉硫磷的唯一 CAS 编号为 000121-75-5。

毒死蜱的化学分子式为 $C_9H_{11}Cl_3NO_3PS$。

毒死蜱的唯一 CAS 编号为 002921-88-2。

倍硫磷的化学分子式为 $C_{10}H_{15}O_3PS_2$。

倍硫磷的唯一 CAS 编号为 000055-38-9。

对硫磷的化学分子式为 $C_{10}H_{14}NO_5PS$。

对硫磷的唯一 CAS 编号为 000056-38-2。
乙硫磷的化学分子式为 $C_9H_{22}O_4P_2S_4$。
乙硫磷的唯一 CAS 编号为 000563-12-2。
蝇毒磷的化学分子式为 $C_{14}H_{16}ClO_5PS$。
蝇毒磷的唯一 CAS 编号为 000056-72-4。

4. 标准溶液配制

标准溶液配制方法详见表 8-2 所列。

表 8-2 标准溶液配制方法一览表

序号	标准溶液名称	所需试剂	配制过程
1	标准储备液	农药标准品,丙酮	提前设计标准储备液浓度的配置方案,然后根据配置方案用分析天平称取对应重量的农药标准品,用丙酮作为溶剂,配成所需浓度的标准储备溶液,一般配置浓度范围为 100～1000 μg/mL
2	混合标准工作溶液	标准储备液,丙酮	提前设计系列标准溶液的配置方案,然后根据配置方案以丙酮作为溶剂、标准储备液为母液进行配置。保存于 4 ℃冰箱内

5. 材料

(1) 氟罗里硅土固相萃取柱。

(2) 石墨化炭黑固相萃取柱。

(3) 有机相微孔滤膜:0.45 μm。

(4) 石墨化炭黑:60～80 目。

(四) 仪器和设备

(1) 气相色谱-质谱仪:配有电子轰击源(EI)。

(2) 电子天平:感量 0.01 g 和 0.0001 g。

(3) 凝胶色谱仪:配有单元泵、馏份收集器。

(4) 均质器。

(5) 旋转蒸发器。

(6) 具塞锥形瓶:250 mL。

(7) 分液漏斗:250 mL。

(8) 浓缩瓶:250 mL。

（9）离心机：4000 r/min 以上。

（五）试样制备与保存

（1）试样制备

依据国家标准 GB 2763 附录 A，采取食品样品大约 1 kg。使用捣碎机将所采取的食品样品捣碎，使食品样品呈现均质状。将均质的食品样品盛放于干净的容器内。

（2）试样保存

均质好的食品样品应冷冻保存，温度设置为 -18 ℃。

（六）分析步骤

1. 提取

（1）将均质好的食品样品从冷冻柜中取出，进行解冻，再用分析天平称取 20 g，最小精度为 0.01 g，转入规格为 250 mL 的带塞子的锥形瓶中，再往锥形瓶中加入 20 mL 一级实验水和 100 mL 丙酮，进行均质，时间为 3 min。

（2）将均质后提取液进行过滤，过滤后的滤渣再用 50 mL 丙酮均质提取，再进行过滤，将两次过滤的滤液转入规格为 250 mL 的浓缩瓶中。

（3）将浓缩瓶中的滤液采取水浴旋转浓缩的方式进行浓缩，水浴温度设置为 40 ℃，浓缩目标体积大约为 20 mL。

（4）将浓缩液转入规格为 250 mL 的分液漏斗中，再往分液漏斗中依次加入 150 mL NaCl 溶液、50 mL 二氯甲烷，振荡摇动 3 min，将分液漏斗静置分层，将二氯甲烷层进行收集。

（5）分液漏斗中的水层用 50 mL 二氯甲烷再提取两次，对二氯甲烷层均进行收集，与"1. 提取"（4）二氯甲烷层合并。

（6）合并的二氯甲烷层溶液用无水硫酸钠脱水，收集于规格为 250 mL 浓缩瓶中，采取水浴旋转浓缩的方式进行浓缩。水浴温度设置为 40 ℃，浓缩目标体积为近干。

（7）加入 10 mL 环己烷 - 乙酸乙酯溶解残渣，用 0.45 μm 滤膜过滤，待凝胶色谱（GPC）净化。

2. 净化

1）凝胶色谱（GPC）净化

（1）凝胶色谱参考条件

①凝胶净化柱。

②流动相：乙酸乙酯 – 环己烷（1+1，V/V）。

③流速：4.7 mL/min。

④样品定量环：10 mL。

⑤预淋洗时间：10 min。

⑥凝胶色谱平衡时间：5 min。

⑦收集时间：23～31 min。

（2）凝胶色谱净化步骤

将"1. 提取"（7）的提取浓缩液按"凝胶色谱（GPC）净化"规定的参考条件进行净化，收集组分的保留时间区间为 23～31 min，收集液采取水浴旋转浓缩的方式进行浓缩，水浴温度设置为 40 ℃，浓缩目标体积为近干，再用 2 mL 乙酸乙酯 – 正己烷溶解，溶解后的溶液等待采取固相萃取（SPE）净化。

2）固相萃取（SPE）净化

将石墨化炭黑固相萃取柱（对于色素较深试样，在石墨化炭黑固相萃取柱上加 1.5 cm 高的石墨化炭黑）用 6 mL 乙酸乙酯 – 正己烷预淋洗，弃去淋洗液；将"凝胶色谱（GPC）净化"（2）的分离浓缩液倾入上述连接柱中，并用 3 mL 乙酸乙酯 – 正己烷分 3 次洗涤浓缩瓶。将洗涤液倾入石墨化炭黑固相萃取柱中，再用 12 mL 乙酸乙酯 – 正己烷洗脱，收集上述洗脱液至浓缩瓶中，采取水浴旋转浓缩的方式进行浓缩，水浴温度设置为 40 ℃，浓缩目标体积为近干，用乙酸乙酯溶解并定容至 1.0 mL，待气相色谱质谱仪检测。

3. 测定

1）气相色谱 – 质谱参考条件

（1）色谱柱。

（2）色谱柱温度：50 ℃（2 min）、30 ℃（1 min）、180 ℃（10 min）、30 ℃（1 min）、270 ℃（10 min）。

（3）进样口温度：280 ℃。

（4）色谱 - 质谱接口温度：270 ℃。

（5）载气：氦气。

（6）进样量：1 μL。

（7）进样方式：无分流进样，1.5 min 后开阀。

（8）电离方式：EI。

（9）电离能量：70 eV。

（10）测定方式：选择离子监测方式。

（11）选择监测离子（m/z）：参见表8-3和表8-4所列。

（12）溶剂延迟：5 min。

（13）离子源温度：150 ℃。

（14）四级杆温度：200 ℃。

表8-3　选择离子监测方式的质谱参数表

通道	时间/(t_R/min)	选择离子/amu
1	5.00	109,125,137,145,179,185,199,220,270,285,304
2	17.00	109,127,158,169,214,235,245,247,258,260,261,263,285,286,314
3	19.00	153,125,384,226,210,334

表8-4　气相色谱质谱仪分析参考表

序号	农药名称	保留时间/min	特征碎片离子/amu 定量	特征碎片离子/amu 定性	特征碎片离子/amu 丰度比	定量限/(μg/g)
1	敌敌畏	6.57	109	185,145,220	37:100:12:07	0.02
2	二嗪磷	12.64	179	137,199,304	62:100:29:11	0.02
3	皮蝇磷	16.43	285	125,109,270	100:38:56:68	0.02
4	杀螟硫磷	17.15	277	260,247,214	100:10:06:54	0.02
5	马拉硫磷	17.53	173	127,158,285	07:40:100:10	0.02
6	毒死蜱	17.68	197	314,258,286	63:68:34:100	0.01
7	倍硫磷	17.80	278	169,263,245	100:18:08:06	0.02
8	对硫磷	17.90	291	109,261,235	25:22:16:100	0.02
9	乙硫磷	20.16	231	153,125,384	16:10:100:06	0.02

续表

序号	农药名称	保留时间/min	特征碎片离子/amu 定量	定性	丰度比	定量限/(μg/g)
10	蝇毒磷	23.96	362	226,210,334	100:53:11:15	0.10

2）气相色谱-质谱测定与确证

（1）根据食品样品有机磷残留量的情况，选择浓度接近标准工作溶液。

（2）根据"气相色谱-质谱参考条件"气相色谱质谱仪参考条件，将浓度接近的标准工作溶液和食品样品最终净化液注入设备进行分析。

（七）结果计算和表述

试样中每种有机磷农药残留量计算式为

$$X_i = (A_i \times c_i \times V)/(A_{is} \times m)$$

式中，X_i——试样中每种有机磷农药残留量，mg/kg；

A_i——样液中每种有机磷农药的峰面积（或峰高）；

A_{is}——标准工作液中每种有机磷农药的峰面积（或峰高）；

c_i——标准工作液中每种有机磷农药的浓度，μg/mL；

V——样液最终定容体积，mL；

m——最终样液代表的试样质量，g。

计算结果须扣除空白值。结果以两次测定结果的平均值报出。

（八）精密度

（1）在重复性条件下，按照同样的操作步骤将混合均匀的样品进行两次测定，计算两次结果的平均值。再将两次中的一次测定结果减去另一次的测定结果，得出的数据除以平均值得到的数值应符合表8-5的要求。

表8-5 实验室内重复性要求

被测组分含量/(mg/kg)	精密度/%
=0.001	36
>0.001=0.01	32
>0.01=0.1	22

续表

被测组分含量/（mg/kg）	精密度/%
>0.1=1	18
>1	14

（2）在再现性条件下，按照同样的操作步骤将混合均匀的样品进行两次测定，计算两次结果的平均值。再将两次中的一次测定结果减去另一次的测定结果，得出的数据除以平均值得到的数值应符合表8-6的要求。

表8-6 实验室内再现性要求

被测组分含量/（mg/kg）	精密度/%
=0.001	54
>0.001=0.01	46
>0.01=0.1	34
>0.1=1	25
>1	19

（九）定量限和回收率

1. 定量限

本方法对食品中10种有机磷农药残留量的定量限见表8-4所列。

2. 回收率

（1）清蒸猪肉罐头中10种有机磷农药在0.02～1.00 mg/kg时，回收率为70.0%～94.9%。

（2）猪肉中10种有机磷农药在0.02～1.00 mg/kg时，回收率为71.2%～97.1%。

（3）鸡肉中10种有机磷农药在0.02～1.00 mg/kg时，回收率为74.3%～94.8%。

（4）牛肉中10种有机磷农药在0.02～1.00 mg/kg时，回收率为70.6%～96.9%。

（5）鱼肉中10种有机磷农药在0.02～1.00 mg/kg时，回收率为76.3%～93.3%。

第三节 拟除虫菊酯类农药的测定

（一）适用范围

本方法适用于各类粮食和蔬菜中拟除虫菊酯类农药的测定。

（二）实验原理

先将食品样品粉碎或捣碎，混合均匀，加入有机溶剂进行提取，提取液经过分离、净化和浓缩，注入气相色谱仪进行检测，定性依据是各色谱峰的保留时间，定量依据是外标法。

（三）试剂和材料

以下试剂为分析纯，实验用水为国家用水标准中的一级水，特殊的纯度或水的级别会单独说明。

（1）石油醚：沸程 60～90 ℃，重蒸。
（2）苯：重蒸。
（3）丙酮：重蒸。
（4）乙酸乙酯：重蒸。
（5）无水硫酸钠。
（6）弗罗里硅土。

（四）标准品

（1）16 种农药标准品：纯度均为 99%。
（2）16 种有机磷农药种类如下。

α- 六六六（α-HCH）、β- 六六六（β-HCH）、γ- 六六六（γ-HCH）、δ- 六六六（δ-HCH）、p，p'- 滴滴涕（p，p'-DDT）、p，p'- 滴滴滴（p，p'-DDD）、p，p'- 滴滴伊（p，p'-DDE）、o，p'- 滴滴涕（o，p'-DDT）、七氯、艾氏剂、甲氰菊酯、氯氟氰菊酯、氯菊酯、氯氰菊酯、氰戊菊酯、溴氰菊酯。

(五)标准溶液配制

(1)提前设计标准储备液浓度的配置方案,然后根据配置方案用分析天平称取对应重量的农药标准品,用苯作为溶剂,配成所需浓度的标准储备溶液,一般配置浓度为 1000 μg/mL。

(2)提前设计系列标准溶液的配置方案,然后根据配置方案用石油醚作为溶剂、标准储备液为母液进行配置。保存于 4 ℃冰箱内。

(六)仪器和设备

(1)气相色谱仪:附电子捕获检测器(ECD)。
(2)电动振荡器。
(3)组织捣碎机。
(4)旋转蒸发仪。
(5)布氏漏斗:直径 80 mm。
(6)具塞三角瓶:100 mL。
(7)分液漏斗:250 mL。
(8)层析柱。
(9)抽滤瓶:20 mL。

(七)试样制备

(1)粮食样品
将粮食样品粉碎,过 20 目筛,制成试样。
(2)蔬菜样品
将蔬菜样品擦拭干净,将可食用部分留下,作为试样。

(八)分析步骤

1. 提取

1)粮食试样
用分析天平称取"(七)试样制备"(1)制成的试样 10 g,放入规格为 100 mL 的带塞子的三角瓶,再在三角瓶中加入 20 mL 石油醚,盖好塞子,振荡 30 min。

2）蔬菜试样

（1）用分析天平称取按本节"（七）试样制备"中"（2）蔬菜样品"制成的试样 20 g，转入捣碎杯，加入体积均为 30 mL 丙酮和石油醚，捣碎 2 min。

（2）将捣碎液进行过滤，过滤液转入规格为 250 mL 的分液漏斗，再在该分液漏斗中加入 100 mL 2% Na_2SO_4 溶液，摇荡均匀，放置进行分层。

（3）将分层的下层溶液转移到新的规格为 250 mL 的分液漏斗中，再在新的分液漏斗中加入石油醚 40 mL，进行萃取。

（4）萃取完后，收集石油醚层，过无水硫酸钠层，随后采取水浴旋转浓缩的方式进行浓缩，水浴温度设置为 40 ℃，浓缩目标体积为 10 mL。

2. 净化

1）层析柱的制备

（1）从玻璃层析柱底部开始分三层加入填充物质，底部第一层加无水硫酸钠 1 cm，中部加弗罗里硅土 5 g，顶部再加无水硫酸钠 1 cm，将三层填充物质轻轻敲结实。

（2）在制作好的层析柱上加入 20 mL 石油醚进行淋洗，淋洗至层析柱顶层留有少部分石油醚。

2）净化与浓缩

（1）用移液管移取本节"（八）分析步骤"中的提取液 2 mL，加入本节"粮食试样（2）"制备好的层析柱上，加入 100 mL 石油醚和乙酸乙酯混合溶液进行洗脱，石油醚和乙酸乙酯混合溶液混合比例是 95∶5。将洗脱液收集到蒸馏瓶中，随后采取水浴旋转浓缩的方式进行浓缩，水浴温度设置为 40 ℃，浓缩目标体积为近干。

（2）再用少量石油醚溶解，溶解后转入离心管中（该离心管带有刻度），定容到 1 mL，等待检测。

3. 测定

1）气相色谱参考条件

（1）色谱柱。

（2）气体流速。

载气 N_2 的流量为 40 mL/min。

尾吹气的流量为 60 mL/min。

分流比为 1∶50。

（3）温度：

柱温自 180 ℃升至 230 ℃保持 30 min。

检测器的温度设置为 250 ℃。

进样口的温度设置为 250 ℃。

2）色谱分析

（1）根据食品样品农药残留量的情况，选择浓度接近标准工作溶液。

（2）根据气相色谱仪参考条件，将浓度接近的标准工作溶液和食品样品最终净化液注入设备进行分析。

（3）对比食品样品和标准工作溶液的保留时间进行定性，对比食品样品和标准工作溶液的峰高或峰面积及标准溶液的浓度定量。

3）色谱图如图 8-1 所示。

（九）结果计算

计算式为

$$X=[(h_i \times m_{si} \times V_2)/(h_{si} \times V_1 \times m)] \times K$$

式中，X——试样中分析物的含量，mg/kg；

h_i——试样中 i 组分农药峰高，mm；

m_{si}——标准样品中 i 组分农药的含量，ng；

V_2——最后定容体积，mL；

h_{si}——标准样品中七组分农药峰高，mm；

V_1——试样进样体积，μL；

m——试样的质量，g；

K——稀释倍数。

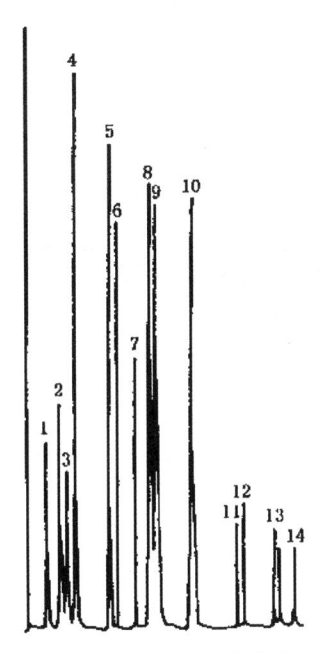

1—α-六六六；2—β-六六六；3—γ-六六六；4—δ-六六六；5—七氯；6—艾氏剂；7—p,p'-滴滴伊；8—o,p'-滴滴涕；9—p,p'-滴滴滴；10—p,p'-滴滴涕；11—氯氟氰菊酯；12—氯氰菊酯；13—氰戊菊酯；14—溴氰菊酯。

图 8-1 有机氯和拟除虫菊酯标液色谱图

第九章 食品兽药残留检测

第一节 概 述

随着人们生活水平的提高,在饮食方面更追求"绿色""健康",不安全的添加剂或药物残留是人们普遍担忧的问题。比如兽药如果长期残留在动物的体内,当达到一定浓度后,动物被人宰杀食用,其体内残留的药物会随之进入人体,对人体产生毒性作用。因此,对食品中兽药残留的检测在食品安全方面具有重大意义。

第二节 硝基呋喃类兽药的测定

(一)适用范围

本方法适用于肌肉、内脏、鱼、虾、蛋、奶、蜂蜜和肠衣中硝基呋喃类药物代谢物3-氨基-2-恶唑酮、5-吗啉甲基-3-氨基-2-恶唑烷基酮、1-氨基-乙内酰脲和氨基脲残留量的定性确证和定量测定。

（二）基本原理

将食品样品制备好,然后在含有食品样品的溶液中加入 HCL 进行水解,再在水解后含有食品样品的溶液中加入邻硝基苯甲醛进行衍生,衍生需要过夜,之后再将含有食品样品的溶液酸碱性调整到 pH 值为 7.4。然后依次进行提取和净化,将净化液移入液相色谱质谱仪中分析。

（三）试剂和材料

以下试剂为分析纯,实验用水为国家用水标准中的一级水,特殊的纯度或水的级别会单独说明。

1. 试剂

（1）甲醇：高效液相色谱级。

（2）乙腈：高效液相色谱级。

（3）乙酸乙酯：离效液相色谱级。

（4）正己烷：高效液相色谱级。

（5）浓盐酸。

（6）氢氧化钠。

（7）甲酸：高效液相色谱级。

（8）邻硝基苯甲醛。

（9）三水磷酸钾。

（10）乙酸铵。

2. 试剂配制

试剂配制方法详见表 9-1 所列。

表 9-1 试剂配制方法一览表

序号	所配试剂名称	所需试剂 名称	所需试剂 用量	配制过程
1	HCl 溶液（0.2 mol/L）	浓 HCl	17 mL	用量筒量取 17 mL 浓 HCl,转入规格为 1000 mL 的容量瓶,用一级实验水添加到容量瓶的刻度线
		一级实验水	—	

续表

序号	所配试剂名称	所需试剂 名称	所需试剂 用量	配制过程
2	氢氧化钠溶液（2.0 mol/L）	氢氧化钠	80 g	用分析天平称取氢氧化钠,加入少量一级实验水将氢氧化钠溶解,溶解后转入1000 mL容量瓶,用一级实验水进行定容
		一级实验水	—	
3	邻硝基苯甲醛溶液（0.1 mol/L）	邻硝基苯甲醛	1.5 g	用分析天平称取邻硝基苯甲醛,加入适量甲醇将邻硝基苯甲醛溶解,溶解后转入100 mL容量瓶,用甲醇进行定容
		甲醇	—	
4	磷酸钾溶液（0.3 mol/L）	三水磷酸钾	79.893 g	用分析天平称取三水磷酸钾,加入适量一级实验水将三水磷酸钾溶解,溶解后转入1000 mL容量瓶,用一级实验水进行定容
		一级实验水	—	
5	乙腈饱和的正己烷	正己烷	80 mL	将正己烷和乙腈分别加入分液漏斗(规格为100 mL)中,摇匀后将乙腈层舍弃,剩下的就是乙腈饱和的正己烷
		乙腈	—	
6	0.1% 甲酸水溶液(含0.0005 mol/L 乙酸铵)	甲酸	1 mL	用移液管移取1 mL甲酸,用分析天平称取乙酸铵,并将它们加入容量瓶(规格为1000 mL),用一级实验水定容
		乙酸铵	0.0386 g	
		一级实验水	—	

3. 标准品

标准品详见表9-2所列。

表9-2 标准品一览表

序号	标准品类别	标准品名称	纯度要求
1	标准物质	3-氨基-2-恶唑酮	99%
		5-吗啉甲基-3氨基-2-恶唑烷基酮	
		1-氨基乙内酰脲	
		氨基脲	

续表

序号				
2	内标物质	3-氨基-2-恶唑酮的内标物,D$_4$-AQZ		99%
		5-吗啉甲基-3-氨基-2-恶唑烷基酮的内标物,D$_5$-AMOZ		
		1-氨基-乙内酰脲的内标物,^{13}C-AHD		
		氨基脲的内标物,^{13}C^{15}N-SEM		

4. 标准溶液配制

标准溶液配制方法详见表9-3所列。

表9-3 标准溶液配制方法一览表

序号	标准溶液名称	所需试剂	配制过程
1	标准储备液（100 mg/L）	标准物质标准品,最小精度至0.0001 g,乙腈	先将各标准溶液的标准储备液配置方案设计好,依据设计好的配置方案用分析天平分别称取标准品,然后用乙腈作为溶剂进行溶解,配制成各个标准物质所需的浓度标准储备溶液,一般为100 mg/L
2	混合中间标准溶液（1 mg/L）	标准储备液（100 mg/L）各1 mL,乙腈	先将各标准溶液的混合标准中间液配置方案设计好,依据设计好的配置方案用移液管分别吸取标准储备液（100 mg/L）,加入同一容量瓶(规格为100 mL),然后用乙腈作为溶剂进行溶解,添加至容量瓶的刻度线
3	混合标准工作溶液（0.01 mg/L）	混合中间标准溶液（1 mg/L）0.1 mL,乙腈	先将混合标准工作液配置方案设计好,依据设计好的配置方案用移液管吸取混合中间标准溶液,加入同一容量瓶(规格为10 mL),用乙腈定容。4 ℃冷藏避光保存,有效期1周
4	内标储备液（100 mg/L）	内标物质标准品(最小精度至0.0001 g),乙腈	先将内标储备液配置方案设计好,依据设计好的配置方案用分析天平称取适量内标物质,然后用乙腈作为溶剂进行溶解,添加至容量瓶的刻度线。一般为100 mg/L

续表

序号	标准溶液名称	所需试剂	配制过程
5	中间内标标准溶液（1 mg/L）	内标储备液（100 mg/L）1 mL，乙腈	先将中间内标标准溶液的配置方案设计好，依据设计好的配置方案用移液管分别吸取内标储备液（100 mg/L），加入容量瓶（规格为100 mL）。然后用乙腈作为溶剂进行溶解，添加至容量瓶的刻度线
6	混合内标标准溶液（0.01 mg/L）	中间内标标准溶液（1 mg/L）0.1 mL，乙腈	先将各中间内标标准溶液的混合内标标准溶液配置方案设计好，依据设计好的配置方案，用移液管分别吸取中间内标标准溶液（1 mg/L），加入同一容量瓶（规格为10 mL）。然后用乙腈作为溶剂进行溶解，添加至容量瓶的刻度线

5. 材料

（1）微孔滤膜：0.20 μm，有机相。

（2）氮气：纯度 =99.999%。

（3）氩气：纯度 =99.999%。

（四）仪器和设备

（1）液相色谱/串联质谱仪。

（2）组织捣碎机。

（3）分析天平：感量 0.0001 g，0.01 g。

（4）均质器：10 000 r/min。

（5）振荡器。

（6）恒温箱。

（7）pH 计：测量精度 ±0.02 pH 单位。

（8）离心机：10 000 r/min。

（9）氮吹仪。

（10）旋涡混合器。

（11）容量瓶：1 L，100 mL，10 mL。

（12）具塞塑料离心管：50 mL。

（13）刻度试管：10 mL。

（14）移液枪：5 mL，1 mL，100 μL。

(五) 试样制备与保存

(1) 肌肉、内脏、鱼和虾样品

依据国家标准 GB 2763 附录 A，采取食品样品大约 0.5 kg。用捣碎机将食品样品捣碎，使食品样品呈现均质状。将均质的食品样品分成两份，盛放于两个干净的容器内。

(2) 肠衣样品

依据国家标准 GB 2763 附录 A，采取食品样品大约 0.1 kg。用剪刀将食品样品剪成边长为 3 mm 的小方块，分成两份，盛放于两个干净的容器内。

(3) 蛋样品

取食品样品大约 0.5 kg。去掉蛋壳，再用捣碎机将食品样品捣碎，使食品样品呈现均质状。将均质的食品样品分成两份，盛放于两个干净的容器内。

(4) 奶和蜂蜜样品

取食品样品大约 0.5 kg。用捣碎机将食品样品捣碎，使食品样品呈现均质状。将均质的食品样品分成两份，盛放于两个干净的容器内。

(六) 样品处理

1. 水解和衍生化

(1) 肌肉、内脏、鱼、虾和肠衣样品

①用分析天平称取制备好的样品，称取重量为 2 g，最小精度为 0.01 g。将称量好的样品放入离心管中，离心管为塑料材质，规格为 50 mL。再在离心管内加入甲醇和水的混合溶液 10 mL，该混合溶液体积比为 1∶1。

②将离心管在振荡器上振荡 10 min。振荡结束后放入离心机离心，离心机转速设置为 4000 r/min，离心时间设置为 5 min。上层液体不要。

③在离心管内加入 0.2 mol/L HCl 10 mL，放入均质器中均质，均质器的转速设置为 10 000 r/min，时间设置为 1 min。

④在离心管里加入混合内标标液 100 μL，邻硝基苯甲醛溶液 100 μL。在旋涡混合器中混合 30 s。结束后振荡 0.5 h。

⑤放入恒温箱内过夜，发生化学反应，恒温箱温度设置为 37 ℃，过

夜时间为 16 h。

（2）蛋、奶和蜂蜜样品

①用分析天平称取制备好的样品，称取重量为 2 g，最小精度为 0.01 g。将称量好的样品放入离心管中，离心管为塑料材质，规格为 50 mL。再在离心管内加入 0.2 mol/L HCl 10 mL。

②将离心管放入均质器中均质，均质器的转速设置为 10 000 r/min，时间设置为 1 min。

③在离心管里加入混合内标标液 100 μL，邻硝基苯甲醛溶液 100 μL。在旋涡混合器中混合 30 s。结束后振荡 0.5 h。

④放入恒温箱内过夜，发生化学反应，恒温箱温度设置为 37 ℃，过夜时间为 16 h。

2. 提取和净化

（1）将样品从恒温箱内取出，冷却到室温，然后再在离心管内加入 1 mL 0.3 mol/L 的磷酸钾。

（2）接下来调整离心管内溶液的 pH 值。用 NaOH 溶液进行调整，在 pH 值达到 7.2～7.6 后，再加入 10 mL 乙酸乙酯，随后振荡 10 min。

（3）振荡结束后放入离心机离心，离心机转速设置为 10 000 r/min，离心时间设置为 10 min，收集乙酸乙酯层。离心管内的残留物再用 10 mL 乙酸乙酯提取一次，再收集乙酸乙酯层。将两次的乙酸乙酯层合并。

（4）将收集的乙酸乙酯层用氮气吹干，温度设置 40 ℃，随后用 1 mL 0.1% 甲酸水溶液进行溶解。

（5）用 3 mL 乙腈饱和的正己烷分两次液液分配，去除脂肪。下层水相过 0.20 μm 微孔滤膜后，取 10 μL 供仪器测定。

3. 混合基质标准溶液的制备

（1）肌肉、内脏、鱼、虾和肠衣样品

①用分析天平称取 5 份制备好的阴性样品，称取重量为 2 g，最小精度为 0.01 g。将称量好的样品放入离心管中，离心管为塑料材质，规格为 50 mL。再在离心管内加入甲醇和水的混合溶液 10 mL，该混合溶液体积比为 1∶1。

②将离心管在振荡器上振荡 10 min。振荡结束后放入离心机离心，离心机转速设置为 4000 r/min，离心时间设置为 5 min。上层液体不要。

③在离心管内加入 10 mL 0.2 mol/L HCl,将其放入均质器中均质,均质器的转速设置为 10 000 r/min,时间设置为 1 min。

④按照最终定容浓度 1 ng/mL、5 ng/mL、10 ng/mL、50 ng/mL、100 ng/mL,分别加入混合中间标准溶液或混合标准工作溶液,再加入混合内标标准溶液 100 μL、邻硝基苯甲醛溶液 100 μL。在旋涡混合器中混合 30 s。结束后振荡 0.5 h。

⑤放入恒温箱内过夜,发生化学反应,恒温箱温度设置为 37 ℃,过夜时间为 16 h。

⑥将样品从恒温箱内取出,冷却至室温,然后再在离心管内加入 1 mL 0.3 mol/L 的磷酸钾。

⑦调整离心管内溶液 pH 值,用 NaOH 溶液进行调整,在 pH 值达到 7.2～7.6 后,再加入 10 mL 乙酸乙酯,随后振荡 10 min。

⑧振荡结束后放入离心机离心,离心机转速设置为 10 000 r/min,离心时间设置为 10 min,收集乙酸乙酯层。将离心管内的残留物再用 10 mL 乙酸乙酯提取一次,再收集乙酸乙酯层。将两次的乙酸乙酯层合并。

⑨将收集的乙酸乙酯层用氮气吹干,温度设置为 40 ℃,随后用 1 mL 0.1% 甲酸水溶液进行溶解。

⑩最后用 3 mL 乙腈饱和的正己烷分两次液液分配,去除脂肪。下层水相过 0.20 μm 微孔滤膜后,取 10 μL 供仪器测定。

(2)蛋、奶和蜂蜜样品

①用分析天平称取 5 份制备好的阴性样品,称取重量为 2 g,最小精度为 0.01 g。将称量好的样品放入离心管中,离心管为塑料材质,规格为 50 mL。

②在离心管内加入 10 mL 0.2 mol/L HCl,放入均质器中均质,均质器的转速设置为 10 000 r/min,时间设置为 1min。

③按照最终定容浓度 1 ng/mL、5 ng/mL、10 ng/mL、50 ng/mL、100 ng/mL,分别加入混合中间标准溶液或混合标准工作溶液,再加入混合内标标准溶液 100 mL、邻硝基苯甲醛溶液 100 μL。在旋涡混合器中混合 30 s。结束后振荡 0.5 h。

④放入恒温箱内过夜,发生化学反应,恒温箱温度设置为 37 ℃,过夜时间为 16 h。

⑤将样品从恒温箱内拿出来,冷却到室温,然后再在离心管内加入 1 mL 0.3 mol/L 的磷酸钾。

⑥调整离心管内溶液的pH值,用NaOH溶液进行调整,在pH值达到7.2～7.6后,再加入10 mL乙酸乙酯,随后振荡10 min。

⑦振荡结束后放入离心机离心,将离心机转速设置为10 000 r/min,离心时间设置为10 min,收集乙酸乙酯层。将离心管内的残留物再用10 mL乙酸乙酯提取一次,再收集乙酸乙酯层。将两次的乙酸乙酯层合并。

⑧将收集的乙酸乙酯层用氮气吹干,温度设置为40 ℃,随后用1 mL 0.1%甲酸水溶液进行溶解。

⑨用3 mL乙腈饱和的正己烷分两次液液分配,去除脂肪。下层水相过0.20 μm微孔滤膜后,取10 μL供仪器测定。

(七)测定

1. 液相色谱条件

(1)色谱柱。

(2)柱温:30 ℃。

(3)流速:0.2 mL/min。

(4)进样量:10 μL。

(5)流动相及洗脱条件见表9-4所列。

表9-4　流动相及梯度洗脱条件

时间/min	流动相A(乙腈)	流动相B [0.1%甲酸水溶液(含0.0005 mol/L乙酸铵)]
0	10%	90%
7.00	90%	10%
10.00	90%	10%
10.01	10%	90%
20.00	10%	90%

2. 串联质谱条件

(1)毛细管电压:3.5 kV。

(2)离子源温度:120 ℃。

(3)去溶剂温度:350 ℃。

（4）锥孔气流：氮气，流速 100 L/h。

（5）去溶剂气流：氮气，流速 600 L/h。

（6）碰撞气：氩气，碰撞气压 2.60×10^{-4} Pa。

（7）扫描方式：正离子扫描。

（8）检测方式：多反应监测（MRM）。

3. 液相色谱/串联质谱测定

（1）定性测定

按照"测定"的分析条件，用液相色谱质谱仪分析本节"（六）样品处理"中"2. 提取和净化"和"3. 混合基质标准溶液的制备"的最后溶液。"2. 提取和净化"的最后溶液和"3. 混合基质标准溶液的制备"的最后溶液色谱峰保留时间一致，并且两者相对离子丰度的最大允许偏差符合表 9-5 的要求，则定性为"2. 提取和净化"的最后溶液中含有该种物质。

表 9-5 定性测定时相对离子丰度的最大允许偏差

相对离子丰度	>50%	>20%～50%	>10%～20%	<10%
允许的相对偏差	±20%	±25%	±30%	±50%

（2）定量测定

按照内标法进行定危计算。

4. 平行试验

按照以上步骤对同一试样进行平行试验测定。

5. 空白试验

除不称取试样外，均按照以上步骤进行，

（八）结果计算

计算式为

$$X = (R \times c \times V) / (R_s \times m)$$

式中，X——食品样品中有机待测物的含量，μg/kg；

R——食品样品中有机待测物与内标物的峰面积比值；

c——混合基质标准溶液中对应有机待测物的浓度，ng/mL；

V——样液最终定容体积，mL；

R_s——混合基质标准溶液中对应有机待测物与内标物峰面积比值；

m——食品样品质量或移取体积，g 或 mL。

计算结果需将空白值扣除。

（九）检出限

本方法的检出限均为 0.5 μg/kg。

第三节　四环素类兽药的测定

（一）范围

本方法适用于各类动物的肌肉、肝脏、肾脏等的四环素类兽药的测定。

（二）原理

先将食品样品进行均质，混合均匀，用有机缓冲溶液进行提取，经过净化后，注入液相色谱仪中分析，与标准物质对比，依据保留时间定性，依据峰高或峰面积及标准物质的浓度进行定量。

（三）试剂与材料

以下试剂为分析纯，实验用水为国家用水标准中的一级水，特殊的纯度或水的级别会单独说明。

1. 试剂

（1）甲醇（CH_3OH）：色谱纯。

（2）乙腈（CH_3CN）：色谱纯。

（3）三氟乙酸（CF_3COOH）。

（4）二氯甲烷（CH_2Cl_2）。

（5）乙二胺四乙酸二钠。

（6）枸橼酸（$C_6H_8O_7 \cdot H_2O$）。

（7）磷酸氢二钠（$NaH_2PO_4 \cdot 12H_2O$）

（8）草酸（$H_2C_2O_4 \cdot 2H_2O$）。

（9）硫酸（H_2SO_4）。

（10）钨酸钠（Na_2WO_4）。

2. 标准品

（1）盐酸土霉素：纯度为97.0%。

（2）盐酸四环素：纯度为97.5%。

（3）盐酸金霉素：纯度为93.1%。

（4）盐酸多西环素：纯度为98.2%。

（5）市售有证标准物质。

3. 溶液配制

试剂配制方法详见表9-6所列。

表9-6 试剂配制方法一览表

序号	所配试剂名称	所需试剂 名称	所需试剂 用量	配制过程
1	柠檬酸溶液	柠檬酸	21.01 g	用分析天平称取柠檬酸，加入少量一级实验水将柠檬酸溶解，溶解后转入1000 mL容量瓶中，用一级实验水进行定容
		一级实验水	—	
2	磷酸氢二钠溶液	磷酸氢二钠	71.63 g	用分析天平称取磷酸氢二钠，加入少量一级实验水将磷酸氢二钠溶解，溶解后转入1000 mL容量瓶中，用一级实验水进行定容
		一级实验水	—	
3	McIlvaine缓冲溶液（pH 4.0）	枸橼酸溶液	1000 mL	用量筒分别量取枸橼酸溶液/磷酸氢二钠溶液加入烧杯中，随后使用玻璃棒搅拌混匀，用盐酸或氢氧化钠溶液调pH值至4.0±0.05
		磷酸氢二钠溶液	625 mL	
		盐酸溶液	—	
		氢氧化钠溶液	—	
4	EDTA·2Na-McIlvaine缓冲溶液	乙二胺四乙酸二钠	60.5 g	用分析天平称取乙二胺四乙酸二钠，置于烧杯中，再加入McIlvaine缓冲溶液，溶解，混匀
		McIlvaine缓冲溶液	1625 mL	

续表

序号	所配试剂名称	所需试剂 名称	所需试剂 用量	配制过程
5	草酸溶液（0.01 mol/L）	草酸	1.26 g	用分析天平称取草酸,加入少量一级实验水将草酸溶解,溶解后转入1000 mL容量瓶中,用一级实验水进行定容
		一级实验水	—	
6	三氟乙酸溶液	三氟乙酸	0.8 mL	用移液管吸取三氟乙酸,转入1000 mL容量瓶中,再用一级实验水进行定容
		一级实验水	—	
7	硫酸溶液	硫酸	1.85 mL	用移液管吸取硫酸,转入100 mL容量瓶中,再用一级实验水进行定容
		一级实验水	—	
8	钨酸钠溶液	钨酸钠	7 g	用分析天平称取钨酸钠,加入少量一级实验水将钨酸钠溶解,溶解后转入100 mL容量瓶中,用一级实验水进行定容
		一级实验水	—	
9	草酸溶液（1 mol/L）	草酸	12.6 g	用分析天平称取草酸,加入少量一级实验水将草酸溶解,溶解后转入100 mL容量瓶中,用一级实验水进行定容
		一级实验水	—	
10	草酸乙腈溶液	草酸溶液（1 mol/L）	20 mL	吸取草酸溶液(1 mol/L)转入容量瓶(规格为100 mL)中,再用乙腈溶解
		乙腈	—	

4. 标准溶液制备

标准溶液配制方法详见表9-7所列。

表 9-7 标准溶液配制一览表

序号	标准溶液名称	所需试剂	配制过程
1	标准储备液（1 mg/mL）	盐酸土霉素、盐酸四环素、盐酸金霉素和盐酸多西霉素标准品各约 10 mg（最小精度至 0.0001 g），甲醇	根据所需浓度的标准储备液制定配置设计方案，再依据配置设计方案用分析天平称取设计量的"2.标准品"中四种标准品，用甲醇为溶解溶剂，将称取的四种标准品分别溶解，溶解后分别移入容量瓶（规格为 10 mL）中，再用甲醇定容到容量瓶的刻度线。-18 ℃以下保存，有效期 1 个月
2	混合标准工作液（10 μg/mL）	土霉素、四环素、金霉素和多西环素标准储备液各 1 mL，甲醇	根据所需浓度的混合标准工作液制定配置设计方案，再依据配置设计方案用移液管分别吸取"4.标准溶液制备"中 4 种标准储备液，加入同一容量瓶（规格为 100 mL）中，用甲醇定容。2～8 ℃保存。现用现配

5. 材料

（1）HLB 固相萃取柱。

（2）LCX 固相萃取柱：500 mg/6 mL，填料为磷酸化聚苯乙烯二乙烯苯高聚物，或相当者。

（四）仪器和设备

（1）高效液相色谱仪：配紫外检测器。

（2）分析天平：感量 0.000 01 g 和 0.01 g。

（3）组织匀浆器。

（4）涡旋混合器：3000 r/min。

（5）低温离心机：转速可达 8500 r/min.

（6）固相萃取装置。

（7）氮吹仪。

（8）尼龙微孔滤膜：0.22 μm。

（9）离心管：50 mL。

（五）试料的制备与保存

1. 试料的制备

（1）组织

取适量新鲜或解冻的空白样品或供试组织绞碎,并使均质。

①取均质的供试样品,作为供试试料。

②取均质的空白样品,作为空白试料。

③根据实验需要在空白试料中加入"4.标准溶液制备"中的标准溶液,作为空白添加试料。

（2）牛奶

取适量新鲜或冷藏的空白样品或供试牛奶,混合均匀。

①取均质的供试样品,作为供试试料。

②取均质的空白样品,作为空白试料。

③根据实验需要在空白试料中加入"4.标准溶液制备"中的标准溶液,作为空白添加试料。

（3）鸡蛋

取适量新鲜的供试鸡蛋,去壳,并使均质。

①取均质的供试样品,作为供试试料。

②取均质的空白样品,作为空白试料。

③根据实验需要在空白试料中加入"4.标准溶液制备"中的标准溶液,作为空白添加试料。

2. 试料的保存

-18 ℃以下保存,3个月内进行分析检测。

（六）测定步骤

1. 提取

（1）皮+脂肪

取试料 5 g（准确至 ±0.02 g）,加二氯甲烷 15 mL,涡旋 1 min,振荡 5 min,加 EDTA·2Na-McIlvaine 缓冲溶液 15 mL,在涡旋混合器上涡旋 1 min,再在振荡器上振荡 5 min,再在低温离心机中离心,离心机转速设置为 8500 r/min,离心时间设置为 5 min,离心完后取上清液。将下层溶液用 EDTA·2Na-Mcllvaine 缓冲溶液重复萃取 2 次,每次 15 mL,合并上清液,中性滤纸过滤,备用。

(2)肌肉、肝脏、肾脏、牛奶、鸡蛋。

称取试料 5 g(准确至 ±0.02 g),加 EDTA·Mcllvaine 缓冲溶液 20 mL,涡旋 1 min,振荡 10min,加硫酸溶液 5 mL、钨酸钠溶液 5 mL,在涡旋混合器上涡旋 1 min,再在低温离心机中离心,离心机转速设置为 8500 r/min,离心时间设置为 5 min,离心完后取上清液。残渣先用 EDTA·2Na-Mcllvaine 缓冲溶液 20 mL 提取 1 次,紧接着再用 EDTA·2Na-Mcllvaine 缓冲溶液 10 mL 提取 1 次,将两次提取上清液合并,过滤后备用。

2. 净化

HLB 柱首先得活化才能用,活化试剂依次有甲醇、一级实验水和 EDTA·2Na-Mcllvaine 缓冲溶液,试剂量均为 5 mL,按照上述顺序依次活化。备用液过柱,待全部备用液流出后,依次用一级实验水、5% 甲醇溶液各 10 mL 淋洗,将 HLB 柱抽干半分钟,用甲醇 6 mL 对 HLB 柱进行洗脱,将洗脱液置于带有刻度的试管中,再在该试管中加一级实验水 2 mL,混合均匀。过 LCX 柱,LCX 柱在使用前需活化,活化试剂依次有甲醇和一级实验水,试剂量均为 5 mL,按照上述顺序依次活化。待全部液体流出后,LCX 柱得用一级实验水和甲醇进行淋洗,一级实验水和甲醇均需 5 mL,抽干 1 min,再用 6 mL 的草酸 - 乙腈溶液洗脱 LCX 柱,收集洗脱液,于 40 ℃ 水浴氮吹至 0.5 ~ 1.0 mL,再加甲醇 0.4 mL,用草酸溶液(0.01 mol/L)稀释至 2.0 mL,微孔滤膜过滤,高效液相色谱测定(上机溶液应在 24 h 内完成测定)。

3. 标准曲线的制备

根据需要配置曲线浓度,准确量取系列"4.标准溶液制备"混合标准工作液,用草酸溶液(0.01 mol/L)作为稀释剂,配置成所需要的系列标液浓度。

将配置好的系列标液浓度从低浓度到高浓度依次用液相色谱仪分析,以系列标液浓度(横坐标)及系列标液对应的峰面积(纵坐标)制作线性关系,得到线性公式。

4. 测定

（1）液相色谱参考条件

①色谱柱。

②流动相：洗脱条件见表9-8所列。

表9-8 流动相梯度洗脱条件

时间/min	流速/（mL/min）	三氟乙酸溶液 A/%	乙腈 B/%
0	1.0	90	10
5	1.0	80	20
15	1.0	65	35
16	1.0	90	10
17	1.0	90	10

③检测波长：350 nm。

④进样量：50 μL。

⑤柱温：30 ℃。

（2）测定法

依据"4. 标准溶液制备"的参考条件，将"2. 标准品"净化最后的样品溶液注入液相色谱仪，测出色谱峰面积，代入"3. 溶液配制"中的线性关系公式，计算出样品待测物的浓度。

试料中四环素类药物的保留时间与标准工作液相应峰的保留时间相对偏差应在 ±2.5% 以内。

5. 空白试验

取空白试料，其他步骤与食品样品分析过程一致。

（七）结果计算和表述

试料中四环素类药物的残留量按标准曲线或公式计算，计算式为

$$X = (A \times C_s \times V) / (A_s \times m)$$

式中，X——试样中四环素类药物残留量，μg/kg；

A——试料中相应的四环素类药物的峰面积；

A_s——标准溶液中相应的四环素类药物的峰面积；

C_s——标准溶液中相应的四环素类药物浓度的数值,ng/mL;

V——最终试料定容体积的数值,mL;

m——食品样品质量或移取体积,g。

(八)检测方法的灵敏度和准确度

1. 灵敏度

检测方法的灵敏度详见表9-9所列。

表9-9 检测方法的灵敏度一览表

食品类别	检出限/(μg/kg)	定量限/(μg/kg)
肌肉	20	50
鸡蛋	20	50
牛奶	20	50
鱼皮+肉	20	50
虾肌肉	20	50
肝脏	50	100
肾脏	50	100
皮+脂肪	50	100

2. 准确度

检测方法的准确度详见表9-10所列。

表9-10 检测方法的灵敏度一览表

食品类别	添加浓度/(μg/kg)	回收率/%
肌肉	50～200	60%～120
肝脏	100～600	60%～120
肾脏组织	100～1200	60%～120
猪、鸡皮+脂肪	100～600	60%～120
鱼皮+肉、虾肌肉	50～200	60%～120
牛奶	50～200	60%～120
鸡蛋	50～400	60%～120

参 考 文 献

[1] 王永华.食品分析[M].北京:中国轻工业出版社,2010.

[2] 龙玉如.食品安全与质量控制(第二版)[M].北京:中国轻工业出版社,2015.

[3] 王磊.食品分析与检验[M].北京:化学工业出版社,2017.

[4] 孙汉巨.食品分析与检测[M].合肥:合肥工业大学出版社,2016.

[5] 杜苏英.食品分析与检验[M].北京:高等教育出版社,2002.

[6] 张金彩.食品分析与检测技术[M].北京:中国轻工业出版社,2017.

[7] 鲁英,李彦荣.食品检验技术基础[M].北京:中国劳动社会保障出版社,2013.

[8] 张妍.食品检测技术[M].北京:化学工业出版社,2015.

[9] 姜咸彪.食品分析实验[M].上海:复旦大学出版社,2020.

[10] 金明琴.食品分析[M].北京:化学工业出版社,2008.

[11] 胡树凯.食品微生物[M].北京:北京交通大学出版社,2016.

[12] 刘斌.食品微生物检验[M].北京:中国轻工业出版社,2013.

[13] 何国庆,贾英民,丁立孝.食品微生物学[M].北京:中国农业大学出版社,2009.

[14] 桑亚新,李秀婷.食品微生物学[M].北京:中国轻工业出版社,2018.

[15] 朱明华,胡坪.仪器分析[M].北京:高等教育出版社,2008.

[16] 李炜,夏婷婷.仪器分析[M].北京:化学工业出版社,2020.

[17] 栗亚琼,郝莉花.食品理化分析[M].北京:中国科学技术出版社,2013.

[18] 胡雪琴,李晓华.食品理化分析技术[M].北京:中国医药科技

出版社,2019.

[19] 王世平. 食品理化检验技术 [M]. 北京：中国林业出版社,2009.

[20] 王硕,王俊平. 食品安全检测技术 [M]. 北京：化学工业出版社,2016.

[21] 孙宝国. 食品添加剂 [M]. 北京：化学工业出版社,2021.

[22] 唐劲松. 食品添加剂应用与检测技术 [M]. 北京：中国轻工业出版社,2012.

[23] 张勇,杨静,高婷婷. 食品检验技术与质量控制 [M]. 汕头：汕头大学出版社,2022.